# IUCN 世界遗产展望 2

## 世界自然遗产地保护状况评估

2017年11月

世界自然保护联盟　　　编著

中国风景名胜区协会　　组织编译

中国建筑工业出版社

**图书在版编目（CIP）数据**

IUCN世界遗产展望 世界自然遗产地保护状况评估.2 / 世界自然保护联盟编著；中国风景名胜区协会组织编译.--北京：中国建筑工业出版社，2018.5
ISBN 978-7-112-22190-5

Ⅰ.①I… Ⅱ.①世… ②中… Ⅲ.①自然保护-保护-研究报告-世界 Ⅳ.①S759.991

中国版本图书馆CIP数据核字（2018）第094807号

**英文版出版方：** 瑞士格兰德，世界自然保护联盟

**英文版版权所有：** © 2017 International Union for Conservation of Nature and Natural Resources

未经版权所有者事先书面许可，不得复制本出版物用于教育或其他非商业目的，前提是来源已得到充分公认。

未经版权所有者的书面许可，不得复制本出版物用于转售或其他商业用途。

**引用：** Osipova, E., Shadie, P., Zwahlen, C., Osti, M., Shi, Y., Kormos, C., Bertzky, B., Murai, M., Van Merm, R., Badman, T. (2018). IUCN世界遗产展望2——世界自然遗产地保护状况评估. 瑞士格兰德，IUCN。94页。

**编译：** 高危言 杨子砚 陈阳

**封面照片：** © Beverly Joubert/National Geographic Creative

**排版设计：** 爱尔兰都柏林 Guilder Design (www.guilderdesign.com)

**获取方式：** IUCN·世界自然保护联盟

世界遗产项目

www.worldheritageoutlook.iucn.org

www.iucn.org/resources/publications

**责任编辑：** 王晓迪 郑淮兵

**责任校对：** 张 颖

IUCN世界遗产展望2——世界自然遗产地保护状况评估
**世界自然保护联盟 编著**
**中国风景名胜区协会 组织编译**
*
中国建筑工业出版社出版、发行（北京海淀三里河路9号）
各地新华书店、建筑书店经销
中国风景名胜区协会制版
北京缤索印刷有限公司印刷
*
开本：787×1092毫米 1/16 印张：6 字数：76千字
2019年2月第一版 2019年2月第一次印刷
定价：68.00元
ISBN 978-7-112-22190-5
(32057)
**版权所有 翻印必究**
如有印装质量问题，可寄本社退换
（邮政编码100037）

# 目录

Some forty-five years have passed since the international community, driven by a sense of the common good, first set out its ambition to conserve the world's most exceptional places from one generation to the next. Throughout my life, I have witnessed many national and global efforts to protect and cherish our shared natural and cultural heritage, for the benefit of all mankind and all Nature.

In this context, it is therefore particularly heartening that almost every country in the world has endorsed the World Heritage Convention. Realizing the world's aspirations in this area can only be achieved if every country and society participates in this shared project.

However, notwithstanding this high level of collective agreement and all the efforts we have witnessed over recent decades, it remains tragically the case that many of the world's natural World Heritage sites remain in chronic danger of losing their outstanding values and therefore their integrity.

This I.U.C.N. report describes the troubling reality faced by so many sites, whether as a result of poaching, unsustainable tourism or conflict. These challenges on the ground are only likely to increase and are indeed set to be further compounded by climate change. The report demonstrates that climate change is in actual fact becoming regarded as the fastest growing threat, its impacts already visible in many of the sites.

This combination of threats to some of our most cherished places should surely prompt us to do a great deal more to secure the future of natural World Heritage sites, the finest treasures of Nature that we are duty bound to protect with care and attention. I would have thought it was, above all, our collective responsibility – falling to governments, businesses, conservation organizations and local communities – to ensure that these natural World Heritage sites exist and flourish in perpetuity? We are, after all, the stewards and the custodians of the world we wish to bequeath to our children and grandchildren...

Happily, the I.U.C.N. World Heritage Outlook, while drawing attention to the risks we face, and to where action is most needed, also provides plentiful illustration of the positive incentives to act, as well as to the multiple benefits of investment and due attention being paid to natural World Heritage sites. I am particularly struck by the livelihoods, job opportunities and other economic benefits that well-managed natural World Heritage sites generate for often vulnerable and disadvantaged local communities.

In summary, it seems to me that if we are to fulfil our collective commitment towards the protection of the planet's most vital and valuable natural World Heritage sites, we must redouble our efforts to create a coalition of concern and action capable of delivering a brighter outlook. Simultaneously, the report also highlights the incredibly urgent need to expedite the global response to climate change, given the scale of the systemic threat it poses to these sites.

Across these efforts, it is clear that our actions today must give substance to, and fulfil, the promise made almost half a century ago to future generations. I can only hope this Outlook will have a lasting and decisive impact in generating greater concern, and above all action, in support of these precious places.

# 序一

## ——威尔士王子殿下

最初，这个国际团体在对公共利益的使命感驱动下，立志于世世代代保护世界上最杰出的地区，距今已过去大约45年了。我在一生中，见证了许多国家乃至全世界都在做出努力，为了全人类和大自然的利益，保护和珍视我们共有的自然和文化遗产。

在这一背景下，世界上几乎每个国家都已签署了《世界遗产公约》，这是令人无比振奋的。只有每个国家和社会都参与这项共同的事业，才能实现这一全世界的远大理想。

然而，尽管我们见证了过去数十年里有着高度的共识，付出了许多的努力，但遗憾的是，许多世界自然遗产地仍处于丧失其突出价值乃至完整性的长期危险中。

这份IUCN报告描述了许多遗产地面临着非法狩猎、不可持续旅游或者冲突所导致的棘手现实。这些挑战只可能日趋严峻，未来还将叠加气候变化的威胁。报告认为，气候变化事实上正在成为发展最快的威胁，许多遗产地都已受到明显的影响。

这些威胁交织在一起，发生在我们最珍惜的地方，这无疑敦促我们作出更为巨大的努力，来保障世界自然遗产地的未来，关心、关注和保护大自然最珍贵的宝藏，我们义不容辞。我认为，确保这些世界自然遗产地永存于世、繁荣发展是我们的集体责任，这份责任落在每个政府、企业、保护组织和当地社区的肩上。毕竟，我们是这个世界的管理者和监护人，并将把这个世界馈赠给我们的子子孙孙。

令人高兴的是，这份《IUCN世界遗产展望》，既引发人们关注我们所面临的危险和需要采取行动的地区，也详尽地说明了采取行动的积极意义，给予世界自然遗产地应有的投资和重视能够获得多种多样的回报。让我尤为震撼的是，当世界自然遗产地得到妥善的管理，它能为原本脆弱贫穷的当地社区，带来海量的生计、工作机会和其他经济收益。

总之，对我来说，如果要履行国际承诺，去保护这个星球上最重要、最有价值的世界自然遗产地，我们必须加倍努力，把所有思想和行动联合起来，创造一个更为光明的前景。同时，报告还强调，从遗产地所遭受系统性威胁的规模来看，加快全球针对气候变化的响应已迫在眉睫。

我们清楚地知道，通过这些努力，今天的行动必将兑现我们在半个世纪前为后代许下的承诺。我只希望这份展望报告能够产生持久的、决定性的影响，带来更大的关注，并支持这些珍贵遗产地的行动。

# 序二

## ——英格尔·安德森和凯西·马敬能

从千变万化的大堡礁海景，到陡峭巍峨的乞力马扎罗山，世界自然遗产地包含了这个星球上最非凡的自然美景。但对人类而言，这些自然奇观所代表的财富，远远不止壮观的风景。它们保留了独特的生态系统和物种，支撑着人类的生存，且有助于稳定气候、缓解自然灾害。

然而，我们星球上的世界自然遗产正在退化。正如本报告所示，虽然值得我们庆贺的是64%的世界自然遗产地前景乐观，但许多独特的遗产地的未来仍然令人担忧。

世界自然保护联盟《IUCN世界遗产展望》的首次更新让我们能够追踪遗产地前景的变化情况，这份更新报告显示，威胁在不断升级，而保护也越来越受到挑战。2014年，保护前景被评为"良好"的遗产地中，已有接近10%的遗产地情况恶化。但报告也指出了几个成功的遗产地案例，这些遗产地通过多方共同努力改善了危殆的状况。泰国的东巴耶延—考艾森林保护区就是其中之一，国际合作已成功遏制了暹罗紫檀木的非法贸易。

在全球约22万个保护地中，有241个现有的世界自然遗产被选为最佳范例。这些遗产地独特的自然价值必须得到保护，以造福子孙后代。更重要的是，它们应该成为自然保护的灯塔，在面对全球挑战时展示出世界级的保护水平。

实现这一愿景是成功保护地球的试金石。如果我们不能确保为世界上最珍贵的自然区域提供最优质的保护，那么我们如何履行我们对地球的集体承诺，例如联合国可持续发展目标和《巴黎协定》呢？

这份《IUCN世界遗产展望》是让我们更加努力的动力，从而使所有的世界自然遗产地都有机会取得好的成果。《展望》提供了来自IUCN全球网络的海量知识，能够加强对世界遗产的保护。该报告既明确了最亟须关注的遗产地，也阐述了能够供其他地区借鉴复制的成功经验。

世界自然遗产地能够在最需要采取行动的地方动员力量，并且常常是管理解决方案的先驱者，有助于实现可持续发展需求。因此，加强遗产保护是至关重要的一步，能够证明大自然以及保护自然确实是值得人类投入的强大同盟。

IUCN将继续致力于实现这一愿景，并呼吁来自各国政府、社会团体和私人机构的支持，推动我们实现保护世界自然遗产未来的集体承诺。我们整个联盟将全力推进这项工作，建立新的全球和区域合作伙伴关系，并将世界遗产地优先列入IUCN保护地绿色名录等新的旗舰工程。《IUCN世界遗产展望》展示了我们必须集中努力解决的问题，进而保护地球上最珍贵的自然区域，为人类提供综合效益。

英格尔·安德森
IUCN总干事

凯西·马敬能
IUCN世界自然保护地委员会主席

# 序三

## ——阿班·马克·卡布拉基

中国总共拥有52处世界遗产地，是数量仅次于意大利的第二大遗产国。这些遗产地中有16处因其自然价值被列入《世界遗产名录》，包括4处自然与文化双遗产。

世界自然遗产通过《世界遗产公约》在国际上被公认为是地球上最重要的保护区。如四川大熊猫保护区和湖北神农架，它们为受威胁物种和特有物种提供了至关重要的避难所，而风景如画的九寨沟、黄山和三清山则展现了地球上最令人叹为观止的景观，因而这些自然宝藏在全球范围内都具有重要性。

世界自然保护联盟《IUCN世界遗产展望2》表明，如果亚洲继续对其遗产地进行良好的管理，那么其中3/4的遗产地能够得到很好的保存。此外，报告结果显示，中国拥有尤为积极的前景，其87.5%的世界自然遗产的保护前景被评为"良好"或"良好但存在担忧"。

中国的世界自然遗产地具有作为良好的管理实践典范的潜力，其他遗产地可以广泛地学习效仿。根据《IUCN世界遗产展望》，中国69%的自然遗产地被评为"得到了有效的管理"，这远高于亚洲甚至全球的平均水平（两者均为48%）。

中国黄山拥有壮观的景色，为数个世纪的诗人带来了创作灵感。它在2014年成为第一个符合"IUCN保护地绿色名录"标准的世界遗产地。《IUCN世界遗产展望》中也可以看到黄山在管理方面的卓越，这为整个遗产地带来了良好的保护前景。

中国也正在利用《IUCN世界遗产展望》的数据和建议来指导遗产地的保护行动。例如，基于2014年《IUCN世界遗产展望》中的评估建议，中国提出拓展武夷山的边界。该提议随后在2017年得到了世界遗产委员会的批准。

2017年，习近平主席在联合国日内瓦办公室发表的演讲中也强调了中国对世界遗产的重视。他说道："中国10多项世界自然遗产和文化自然双重遗产申请得到世界自然保护联盟支持，呈现了中国精彩。"

虽然《IUCN世界遗产展望2》的总体结果是令人鼓舞的，但该报告仍然显示全球自然遗产面临的威胁正变得越来越多，无论亚洲还是中国都无一幸免。旅游影响、狩猎、道路和大坝是各区域世界自然遗产面临的最普遍的威胁。在中国，旅游业仍是最大的问题，遗产地列入名录后游客量往往会大幅飙升。因此，遗产地通过建立有效的监测系统和管理体系来控制旅游业的增长是至关重要的。目前，中国许多遗产地都实施了创新的解决方案以平衡游客访问和影响。

中国全面贯彻了世界遗产的概念，并在这个领域展示了越来越重要的全球领导力。2017年9月，中国中央政府宣布将在未来几十年里建立国家公园体制。这样的国家投入对保护和管理我们星球上最珍贵的、人类共享的自然宝藏是至关重要的。

阿班·马克·卡布拉基（Aban Marker Kabraji）

世界自然保护联盟 亚洲区主任

# 致谢

《IUCN世界遗产展望》汇集了数百个专家和组织的知识和专业力量，没有他们，本报告及其评估基础都不可能实现。我们在此对本报告的评估人员和审核人员所做的深入工作表示真诚的感谢。《IUCN世界遗产展望》广泛调动了IUCN的工作网络，包括来自IUCN世界自然保护地委员会（WCPA）、IUCN物种存续委员会（SSC）、IUCN会员单位、IUCN地区和国家办事处的成员，以及大量其他参与世界自然遗产保护与管理的利益相关者。在 worldheritageoutlook.iucn.org 上可以找到这些参与者的名单。

我们特别感谢《IUCN世界遗产展望》的合作伙伴，目前包括非洲野生动物基金会（AWF）、国际鸟盟、野生动植物保护国际（FFI）、法兰克福动物学会（FZS）、国际野生动物保护学会（WCS）、世界自然基金会（WWF）和伦敦动物学会（ZSL）。它们致力于通过和IUCN共同开展实地活动来改善世界自然遗产地的保护前景。我们鼓励所有IUCN成员和这些组织机构一起行动，以确保这个星球上无价的世界自然遗产地得到长久的保护。

我们还要感谢联合国教科文组织（UNESCO）世界遗产中心、国际古迹遗址理事会（ICOMOS）和国际文物保护与修复研究中心（ICCROM）的同事们，他们在《保护现状》文件准备工作中的配合，为本报告讨论的许多遗产地提供了宝贵的信息基础。

我们感谢《IUCN世界遗产展望》评估方法咨询组的成员们：容·戴（Jon Day）、苏珊娜·林德曼（Susanna Lindeman）、若弗鲁瓦·莫韦（Geoffroy Mauvais）、斯科特·珀金（Scott Perkin）、彼得·谢迪（Peter Shadie）和休·斯通顿（Sue Stolton），他们为修改和完善保护前景评估系统提供了建设性意见，同时保留了与2014年的评估结果进行比较和对照的功能。我们还要感谢地区评估组的成员以及IUCN世界遗产专家组，他们对于确保所有评估的质量和一致性至关重要。

我们也要感谢我们的图片合作伙伴"我们的地方·世界遗产"（Our Place·World Heritage），他们贡献了海量令人惊叹的世界遗产地照片收藏。

IUCN特别感谢埃莱娜·奥西波娃（Elena Osipova），她勤勤恳恳地处理和整合2017年前景评估的庞杂内容。

IUCN衷心感谢MAVA基金会，它一直与IUCN合作，共同开拓支持世界遗产保护工作的新途径，并提供了慷慨的资金支持，让《IUCN世界遗产展望》报告工作得以完成。

最后，IUCN对中国风景名胜区协会（CNPA）的支持表示由衷的感谢，该机构在协助咨询世界遗产地管理者意见和确保在评估报告中纳入管理者意见的过程中起着关键作用，确保了这份报告的准确性。IUCN也对这份报告中文版本的翻译和印刷工作向CNPA表示感谢。

# 执行摘要

世界自然保护联盟《IUCN世界遗产展望》是世界自然遗产的第一次全球评估。它评估所有以自然价值列入《世界遗产名录》的遗产地的保护前景，每一份评估都可以在线获得（worldheritageoutlook.iucn.org），并定期报告全球和地区的情况。这份《IUCN世界遗产展望2》报告，是该评估体系在2014年IUCN世界公园大会（十年一次）上启动以来的第一次更新。

2014年世界公园大会确定了未来十年的工作计划，即《悉尼承诺》，强调了世界遗产保护是在更广泛意义上成功保护全世界的试金石。世界自然遗产地拥有独特的国际认可，应当显示出其领导地位；而确保它们有更光明的保护前景，是我们的共同责任。本报告通过展示世界自然遗产地保护前景在过去三年的演变状况告诉我们是否正走在实现这些雄心壮志的正确道路上。《IUCN世界遗产展望2》总结了世界自然遗产的保护状况、面临威胁、承担压力、保护管理有效性的发展趋势。通过提供这种评估，本报告不仅可以作为追踪全球世界自然遗产状况的宝贵工具，还可以作为一种能力指标，以帮助我们迎接全球保护挑战，复制成功实例，并精准判定哪里最需要投资。

根据241份评估报告中所汇总的大量详细证据，《IUCN世界遗产展望2》的主要结论如下。

## 世界自然遗产的整体前景并没有改善

2017年的全球《世界遗产展望》与2014年类似，64%的遗产地有积极的保护前景（"良好"或"良好但存在担忧"），29%遗产地前景存在"高度担忧"，7%的遗产地"形势危急"。这些结果适用于2017年11月以前列入的241个世界自然遗产地，包括自上次报告以来新列入《世界遗产名录》的遗产地。

只对比参加了两次评估的遗产地时，被评估为保护前景"良好"的遗产地更少（2014年为47个，而2017年为43个）。这违背了世界遗产应该追求的绩效改善。一个较为积极的结论是被评估为"形势危急"的遗产地数量减少（2014年为19个，而2017年为17个），证实随着保护努力的增加，这些受到严重威胁的遗产地的前景是可以得到改善的。

自2014年11月以来，有13个新增遗产地因其自然价值被列入《世界遗产名录》，其保护前景各异。其中10个被评估为具有积极的保护前景（"良好"或"良好但存在担忧"），但3个新增遗产地的保护前景被认为是"高度担忧"。

在地区对比时，北美洲遗产地保护前景乐观的比例最高（90%），其次是大洋洲（82%）和亚洲（74%）。欧洲和阿拉伯国家的总体结果与全球整体平均值相近，分别为63%和62%。非洲（48%）、南美洲（48%）、中美洲和加勒比地区（45%）是前景乐观的遗产地比例最低的3个地区。非洲仍然是保护前景形势危急的遗产地占比例最高的地区，也是被列入《世界濒危遗产名录》的自然遗产最多的地区。

## 26个遗产地的前景有所改变

虽然整体情况类似，但在个别遗产地和更广的地区层面上，遗产地的威胁、保护与管理方面还是发生了很多变化。2014年至2017年，26个遗产地的保护前景发生了变化，其中14个得以改善，12个发生恶化。欧洲地区变化最大，2个遗产地的保护前景有所改善，但是7个遗产地恶化了。一个令人鼓舞的结论是，亚洲地区只有正向的改变，2017年有4个遗产地得以改善；而在非洲地区，4个遗产地基本向着好的方向改变，说明保护前景有所改善。科特迪瓦的科莫埃国家公园和泰国的东巴耶延—考艾森林保护区在2014年被评估为"形势危急"，如今已经成功改善。

## 世界自然遗产地的威胁正在增加

《IUCN世界遗产展望》评估了现有威胁和潜在威胁。2017年的结果显示，几乎所有类别的威胁都发生在越来越多的世界自然遗产地。

### 气候变化是世界自然遗产增长最快的威胁

作为一种现有威胁，气候变化自2014年以来的增长最为显著，以气候变化为高度威胁或极高威胁的遗产地增加了77%（2014年为35个，而2017年为62个）。2014年的前景评估认为气候变化是最大的潜在威胁，对于一些遗产地来说，这种威胁正在成为现实，对世界遗产价值产生了切实的影响。气候变化仍是迄今为止最大的潜在威胁，有55个遗产地在未来可能受到高度或极高的影响。

### 入侵物种、气候变化和旅游影响是当前三大威胁

既然入侵物种、气候变化和旅游影响被评估为世界自然遗产当前面临的三个最主要威胁，这清楚地告诉我们必须同时在当地和全球范围内加倍保护。尽管气候变化的影响持续增长的速度超过其他任何威胁，但入侵物种和旅游影响正在对全球许多遗产地产生不利影响。2014年以来，以这两种因素为高度或极高威胁的遗产地数量继续增加（现在受入侵物种影响的遗产地比2014年增加了近14%，受旅游影响的遗产地增加了10%）。

### 规划基础设施建设的压力在增加

包括公路、堤坝、旅游设施、矿产和油气开发在内的重大建设，也是最大的潜在威胁之一，其中公路建设自2014年以来增长最为显著（三年内可能受其影响的遗产地几乎翻了一番）。2014年以来，可能受到水电基础设施建设严重影响的遗产地数量从13个增加到17个，受旅游设施建设影响的遗产地从11个增加到15个。

## 保护与管理有效性下降

从2014年以来，世界自然遗产保护与管理的整体有效性有所下降。只对比参加了两次评估的228个遗产地，其中被评估为保护管理总体"有效"或"非常有效"的遗产地所占比例，从2014年的54%下降到2017年的48%。这种威胁日益增长、保护管理有效性欠佳的复杂情况给世界遗产地价值带来了明显的风险，急需更多的关注来保护这些世界级的遗产地。

## 不断采取行动的自然保护工作

为了使世界自然遗产地能够应对威胁，投资保护与管理是关键。前景得以改善的14个遗产地表明，只要不断地努力应对挑战，是可能取得积极成果的。在国家和国际层面上，要优先努力帮助那些受到最严重威胁的遗产地摆脱形势危急的前景，正如已经取得成效的科莫埃国家公园和东巴耶延—考艾森林保护区。许多遗产地的绩效取得了改善，虽然在某些情况下这还不足以扭转总体的前景评估，但它们仍然提供了最佳的实践案例。然而，前景积极的遗产地也非毫无压力，还需要继续保持警惕，以确保能够持续拥有乐观的前景。随着对世界自然遗产地的威胁日益加剧，分享前景良好的遗产地所取得的积极成果变得更加重要，这将成为激励世界遗产地成功实现其最高水平保护的一种手段。

# 引言

世界自然遗产地是国际公认的、全球自然保护优先级最高的地区，包括像塞伦盖蒂（Serengeti）、大堡礁（Great Barrier Reef）和加拉帕戈斯群岛（Galápagos Islands）这样的标志性地点。截至2017年11月本报告发布之日，世界自然遗产地和复合遗产地（自然和文化双遗产地）共有241处，约占全球保护地总数的0.1%；其总面积为2.94亿公顷，占陆地自然保护地总面积的8%、海洋保护地总面积的6%。

通过《世界遗产公约》，这些著名的遗产地享有最高的国际知名度，使我们深入地洞察处于保护前沿的成就和挑战。因此，世界遗产地的监测是国际社会全面保护工作成效的极其重要的晴雨表。

2014年，世界自然保护联盟启动了《IUCN世界遗产展望》，首次对所有世界自然遗产地（当时为228个）的保护前景进行了全面评估。IUCN每三年一次对遗产地进行标准化的保护前景评估，因此2017意味着可以对评估结果进行首次对比。

《IUCN世界遗产展望》系统既具有前瞻性，又具有主动性。它有助于确定世界自然遗产地及其所保护的关键价值的发展方向，我们如何预测其未来的需求，以及如何优化其对人类福祉的贡献。它也致力于表扬和宣传成功案例，支持世界遗产地更好地展示其卓越之处。

《IUCN世界遗产展望》的主要目标是：

■ **认可管理优异的遗产地**所进行的保护工作，鼓励在遗产地之间分享借鉴优秀的管理经验。

■ **追踪所有世界自然遗产地的保护状态的变化情况**，并提高公众对生物多样性保护重要性的认识。

■ **确定影响世界自然遗产地的最紧迫的保护问题**，以及为了纠正这些问题所需采取的行动，从而支持包括IUCN及其成员和合作伙伴在内的国际社会，帮助应对遗产地层面的挑战。

《IUCN世界遗产展望》以对每个世界自然遗产地的现场评估为基础进行编写。评估程序设计透明，并向广泛的利益相关者开放，包括管理机构、遗产地管理者、研究人员、社会团体、IUCN会员单位及IUCN专家委员会成员、非政府组织和发展机构等都可以参与。《IUCN世界遗产展望》并不能取代《世界遗产公约》的监测机制[1]，而是对这些机制的支持和补充。所有评估报告都可以在网站worldheritageoutlook.iucn.org上找到。缔约国、遗产地管理者、社会团体和其他利益相关者都可以在该网站上浏览世界自然遗产地的前景，了解常见的管理挑战的解决方案，审定新信息来源，并发现潜在的合作伙伴。

本报告概述了世界自然遗产地在过去三年内面临的主要保护挑战、变化和趋势。它展示了全球范围的评估结果，列出分别属于"良好""良好但存在担忧""高度担忧"和"形势危急"各个评级类别的遗产地；随后，阐释了自然价值状况、威胁、保护与管理等方面的主要结论。最后，它将全世界分为8个区域并分析了结果。

鼓励读者在本报告提供的摘要数据之外，通过访问worldheritageoutlook.iucn.org更深入地去发现遗产地层面上发生的许多故事。这些正是我们努力保护这些独特地方时，关于挑战、机会、成功以及挫折的故事。

---

1. 《世界遗产公约》的监测机制包括：咨询机构和联合国教科文组织世界遗产中心进行反应性监测，提交关于遗产地受威胁影响情况的《保护状况报告》以及缔约国每六年提交一次《定期报告》。更多有关信息，请访问whc.unesco.org。

# 评估方法

《IUCN世界遗产展望》是世界自然遗产的第一次全球评估。它包括为每个世界自然遗产地编制的《保护前景评估》，预测各世界自然遗产地能否随着时间的推移而保存其价值。《保护前景评估》主要基于对以下方面的文本资料评估：

- **价值的现状和趋势**
- **影响这些价值的威胁**
- **保护与管理的有效性**

一个遗产地的整体保护前景将根据下表中的四个类别进行评估。如果数据不足以得出结论，遗产地可能会归类为"数据不足"：

| 等级 | 定义 |
|---|---|
| 良好 | 遗产地的价值状况良好，如果继续采取现有的保护措施，则可能在可预见的未来得以维持。 |
| 良好但存在担忧 | 存在一些担忧，如果增加少量保护措施，遗产地的价值可能长期得以基本保持。 |
| 高度担忧 | 遗产地的价值受到威胁和/或正在出现恶化的迹象，需要显著增加保护措施，以在中长期维持和/或恢复遗产价值。 |
| 形势危急 | 遗产地的价值受到严重威胁和/或恶化，需要立即大规模增加保护措施，以在近期到中期维持和/或恢复遗产价值，否则这些价值可能会丧失。 |
| 数据不足 | 可用的信息不足以得出结论。 |

值得注意的是，《保护前景评估》更关注遗产地价值的前景，而不是威胁或保护与管理本身的未来趋势。

《保护前景评估》还汇总了各遗产地提供的效益情况等补充信息，这在IUCN《世界自然遗产效益》研究[2]中进行了更深入的讨论，同时也补充了关于工程项目的信息（遗产地内或周边正在进行中以及未来需要进行的工程项目）。

2011年，IUCN通过技术咨询小组，制定了《保护前景评估》的标准化方法。该方法广泛应用了现有的保护地评估方法，包括：

- IUCN世界自然保护地委员会制定的《保护地管理有效性的方法和框架》（Hockings等，2006年）
- 从《大堡礁前景》报告的评估框架中获得的经验教训（大堡礁海洋公园管理局，2009年）
- 《遗产的强化工具》（Hockings等，2008）
- 《世界自然遗产管理手册》（Stolton、Dudley和Shadie，2012）
- 《世界遗产定期报告》调查问卷（第二轮）（UNESCO，2008）

在第一轮评估之后，IUCN根据2014年评估和咨询过程中收集的反馈意见，以及回顾当时保护地评估的最佳可行方法，进一步完善了上述方法。这一适应性方法的目的，是使《IUCN世界遗产展望》的评估方法能够随着时间的推移得到改进，但改进方式要确保评估的一致性，从而保证各轮评估的可比性。

所有《保护前景评估》都是基于文本资料的研究，没有新的实地考察的要求。这些评估都是由独立专家完成，主要依据包括专家自己对遗产地的了解、来自IUCN世界自然遗产知识库的信息、世界遗产委员会的官方公开文件（如《保护状况报告》，任务报告等）、现有的管理有效性评估、科学论文，以及与遗产地管理者、管理机构等信息掌握者广泛咨询后收集到的信息等。每种信息源在深度、广度和质量上有着各自不同的优势和局限性。这些评估还能够查明信息缺口，信息缺口填补后将更有助于今后的评估。《IUCN世界遗产展望》的网站上列出了每项《保护前景评估》的信息来源。

2014年进行的《保护前景评估》为监测遗产地保护前景的变化情况奠定了基准。2017年是这些评估的第一次更新，也提供了第一次机会来进行对比以及追踪世界自然遗产地保护前景自2014年以来的变化情况。


## 咨询过程

为了确保《保护前景评估》尽可能精确，并关注于最紧迫的问题，咨询过程对于《IUCN世界遗产展望》来说是必不可少的。

知识掌握者（knowledge holder）被告知并邀请来参与咨询过程，他们通常包括：

- IUCN专家委员会成员，特别是IUCN世界自然保护地委员会（WCPA）和物种存续委员会（SSC）的成员
- IUCN秘书处，分布在全球总部、8个区域办公室和50个国家办事处
- 参与遗产地管理的遗产地管理者和利益相关者（包括IUCN会员单位、政府部门、非政府组织（NGO）、社会团体和国际机构)
- 研究人员和科学界

---

2. IUCN在2014年《世界自然遗产的效益：识别和评估世界上最具标志性的自然景观所能提供的生态系统服务和效益》报告中进行了全球分析。

每份评估在定稿前都经过多次内部和外部审阅。根据对某一遗产地的了解挑选出独立评估人员，由他编制评估草案，首先在内部进行草案审阅，判定其是否符合所要求的标准；随后寻求独立专家评审加入。在此之后，所有的评估都在每个IUCN区域进行审稿。区域审查小组由IUCN的WCPA区域副主席、IUCN区域办公室代表和世界遗产的该区域专家组成。每份《保护前景评估》的最终草案整合了所有收到的反馈，此前会尽可能地邀请遗产地管理者提供意见并在最终版本的评估报告中予以参考。IUCN世界遗产专家组由专门从事世界自然遗产工作的专家组成，为所有完成的评估提供最终核准。

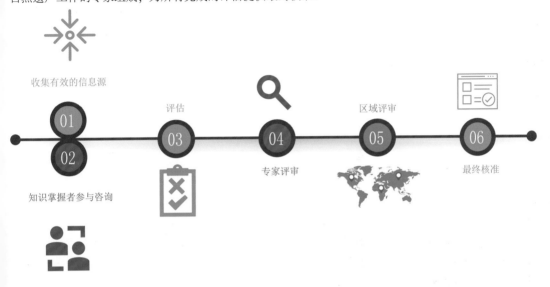

收集有效的信息源
01
知识掌握者参与咨询
02
评估
03
专家评审
04
区域评审
05
最终核准
06

《IUCN世界遗产展望》咨询过程的主要步骤

所有评估都在网站worldheritageoutlook.iucn.org上公开发布，欢迎随时通过在线反馈表格提出意见。《保护前景评估》评估方法的全部细节也可以在网站上找到。

《保护前景评估》每三年评估一次。但是，如果个别遗产地有新的、重要的可用信息，其评估可能随时更新修改。

IUCN

全球展望

# 事实和数字: 全球

* 206处世界自然遗产和35处复合遗产，分布在107个国家

* 293620965公顷的总面积

* 49处海洋和海岸遗产地

* 18处跨国遗产地

* 16处濒危遗产地

* 13处遗产地于2015年以后列入名录

# 综述

2014年，《IUCN世界遗产展望》首次评估了当时世界上全部228个世界自然遗产地。2015年以来，又有15个国家的13个遗产地被列入《世界遗产名录》，其中包括2个跨国遗产地。这些遗产地中，2个是海洋遗产地，11个是陆地遗产地，4个是复合（自然和文化）遗产地。2015年以来，还有4个现有遗产地被批准进行重大拓展。大洋洲是2015年以后唯一没有新增遗产或拓展遗产的地区。

本章节总结了2017年《IUCN世界遗产展望》评估情况，提供了目前所有241个自然遗产地的总体评估结果，并将2014年《世界遗产名录》上的228个遗产地这两次评估的结果进行了对比。

2017年241个世界自然遗产地的保护展望

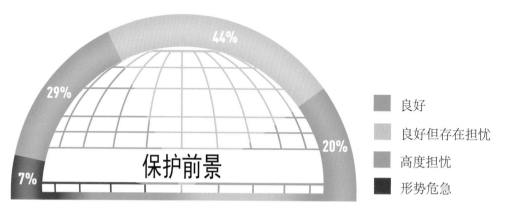

2017年《IUCN世界遗产展望》的评估结果显示，全球64%的遗产地（154个）的保护前景是"良好"或"良好但存在担忧"，而29%的遗产地（70个）的前景存在"高度担忧"，7%的遗产地被评估为"形势危急"。

这个总数包括了在2015年至2017年间列入《世界遗产名录》的13个新遗产地，这些新遗产地的结果也不全是正面的。其中有10个被评估为保护前景乐观（"良好"或"良好但存在担忧"），但另外3个遗产地的保护前景存在"高度担忧"。

深入研究一些遗产地时，会发现某些遗产地列入名录时的准备状况令人担忧，包括遗产地规划不佳、保护力度薄弱和/或管理能力不足。因此，这些遗产地可以增加监测和更多地符合《世界遗产公约》机制的工作，以纠正重大的未解决问题。

对比2014年《世界遗产名录》中228个遗产地的两份评估，结果喜忧参半。一方面，一个明显的积极结论是被评估为"形势危急"的遗产地数量减少（2014年为19个，而2017年为17个）；另一方面，被评估为保护前景良好的遗产地也减少了（2014年为47个，2017年为43个）。

整体而言，2014年至2017年期间共有26个遗产地的保护前景发生变化。在全球范围内，评估结果比较均衡，有14个遗产地未来前景得到改善，12个遗产地发生恶化。欧洲的变化最大，有2个遗产地的保护前景有所改善，但包括比亚沃维耶扎原始森林和普利特维采湖群国家公园在内的7个遗产地情况恶化。

2014年以前列入《世界遗产名录》的228个遗产地在2014年到2017年之间的保护前景改变情况（各个评级的遗产地所占百分比）

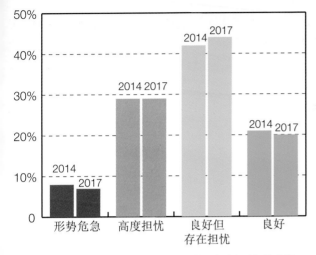

2015年至2017年间列入《世界遗产名录》的13个遗产地保护前景

| 地区 | 国家 | 遗产地 | 列入年份 | 2017年保护前景 |
|---|---|---|---|---|
| 非洲 | 乍得 | 恩内迪高地：自然和文化景观 | 2016 | 高度担忧 |
| 阿拉伯国家 | 伊拉克 | 伊拉克南部艾赫沃尔：生态多样性避难所和美索不达米亚城市遗迹景观 | 2016 | 高度担忧 |
| 阿拉伯国家 | 苏丹 | 桑加奈卜国家海洋公园和敦戈奈卜海湾—姆卡瓦岛国家海洋公园 | 2016 | 良好但存在担忧 |
| 亚洲 | 中国 | 湖北神农架 | 2016 | 良好但存在担忧 |
| 亚洲 | 中国 | 青海可可西里 | 2017 | 良好但存在担忧 |
| 亚洲 | 印度 | 干城章嘉峰国家公园 | 2016 | 良好 |
| 亚洲 | 伊朗 | 卢特沙漠 | 2016 | 良好 |
| 亚洲 | 哈萨克斯坦/吉尔吉斯斯坦/乌兹别克斯坦 | 西部天山 | 2016 | 高度担忧 |
| 亚洲 | 蒙古/俄罗斯联邦 | 外贝加尔山脉景观 | 2017 | 良好但存在担忧 |
| 北美洲 | 加拿大 | 米斯塔肯角 | 2016 | 良好 |
| 中美洲和加勒比 | 牙买加 | 蓝山和约翰·克罗山 | 2015 | 良好但存在担忧 |
| 中美洲和加勒比 | 墨西哥 | 雷维亚希赫多群岛 | 2016 | 良好但存在担忧 |
| 南美洲 | 阿根廷 | 卢斯阿莱尔塞斯国家公园 | 2017 | 良好 |

另一方面，亚洲地区全部为正面的改变，非洲地区主要是正面的改变，亚洲的4个遗产地和非洲的4个遗产地2017年的保护前景有所改善。这两个地区之前被评估为"形势危急"的遗产地，即科特迪瓦的科莫埃国家公园和泰国的东巴耶延—考艾森林保护区，等级也转为了"高度担忧"。前者是2012年政治局势趋于稳定后的结果，后者则得益于国际合作努力遏制了持续严重威胁该遗产地的暹罗紫檀木非法贸易。

2014年至2017年保护前景改变的遗产地

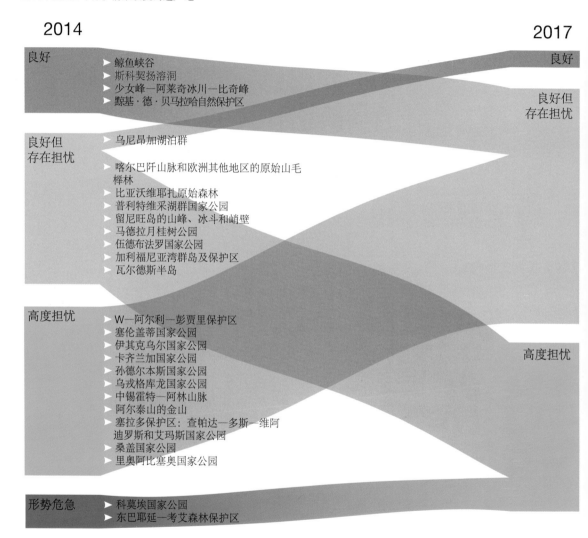

在大多数情况下，保护前景转好（14个遗产地）与影响遗产地的威胁减少有关（14个遗产地中的8个），或与遗产地的世界遗产价值状况评估改善有关（14个遗产地中的7个）。3个遗产地（科特迪瓦的科莫埃国家公园、泰国的东巴耶延—考艾森林保护区和俄罗斯联邦的中斯科特阿林地区）在保护前景评估的三个要素方面（价值，威胁，保护与管理）均有积极的改变。同样地，如果保护前景的变化是负面的（12个遗产地），主要与遗产地价值的恶化（12个遗产地中的8个）和/或威胁程度的增加有关（12个遗产地中的9个）。

## 前景改善
### 从"形势危急"到"高度担忧"：科特迪瓦的科莫埃国家公园

在国际社会的支持和实地修复工作的努力下，科特迪瓦科莫埃国家公园的保护前景得到改善。该公园的物种种群曾受到农业、非法采金和偷猎的影响，2003年被列入《世界濒危遗产名录》，于2017年成功移出。由于不安全的地区形势，这些威胁进一步加剧，公园工作人员甚至无法进入某些区域进行保护工作。在2012年政局稳定后，管理局才重新控制遗产地及其物种种群，以前认为已经在公园里消失的黑猩猩和大象等物种种群开始得以恢复。现在已有一份新的管理规划，是和参与野生生物监测和其他保护活动的当地社区磋商后制定的。遗产地保护前景评估的所有因素都有所改善，其中保护与管理从2014年的"高度担忧"（红色）到2017年的"有效"（浅绿色），评级变化最为显著。然而，威胁依然存在，例如公园内的农业和手工采金，这些活动仍然对濒危物种的关键栖息地构成威胁，需要继续采取行动加以解决。

## 前景恶化
### 从"良好但存在担忧"到"高度担忧"：克罗地亚的普利特维采湖群国家公园

作为克罗地亚最受欢迎的旅游目的地之一，普利特维采湖群国家公园为迎合越来越多的游客而进行房屋建设，造成了保护前景的恶化。如果进行可持续管理，旅游业可以带来诸如就业、保护资金支持等效益，但不受控制的旅游业也会构成威胁。如果普利特维采湖群国家公园不采取紧急措施，将对其敏感的水文和生态系统构成威胁，且不利影响将随着时间而加剧。旅游设施的迅速扩张造成水资源的过度使用和污水处理系统不足，导致水质污染。过量的游客聚集在同一个有限的湖泊地带，也破坏了公园的美丽风景和特色的钙华坝，后者是水流的天然石灰岩屏障。到目前为止，虽然该遗产地的生态价值得到了保护，其保护与管理已经从2014年的"有效"（浅绿色）变为2017年的"高度担忧"（橙色）。施工许可的发放以及公园在此事的决策过程中参与度的缺失是最值得担忧的问题之一。

2014年至2017年保护前景发生变化的26个遗产地列表。价值、威胁、保护与管理等各列中，箭头指示改变情况，颜色指示2017年的评级情况

| 国家 | 地区 | 2014年保护前景 | 2017年保护前景 | 价值 | 威胁 | 保护与管理 |
|---|---|---|---|---|---|---|
| 贝宁/布基纳法索/尼日尔 | W—阿尔利—彭贾里保护区* | 高度担忧 | 良好但存在担忧 | ↗ | → | → |
| 乍得 | 乌尼昂加湖泊群 | 良好但存在担忧 | 良好 | → | → | ↗ |
| 科特迪瓦 | 科莫埃国家公园 | 形势危急 | 高度担忧 | ↗ | ↘ | ↗ |
| 马达加斯加 | 黥基·德·贝马拉哈自然保护区 | 良好 | 良好但存在担忧 | → | ↘ | → |
| 坦桑尼亚 | 塞伦盖蒂国家公园 | 高度担忧 | 良好但存在担忧 | → | ↘ | → |
| 埃及 | 鲸鱼峡谷 | 良好 | 良好但存在担忧 | → | → | ↗ |
| 突尼斯 | 伊其克乌尔国家公园 | 高度担忧 | 良好但存在担忧 | ↗ | → | → |
| 印度 | 卡齐兰加国家公园 | 高度担忧 | 良好但存在担忧 | ↗ | → | → |
| 印度 | 孙德尔本斯国家公园 | 高度担忧 | 良好但存在担忧 | → | ↘ | → |
| 印度尼西亚 | 乌戎格库龙国家公园 | 高度担忧 | 良好但存在担忧 | ↗ | → | → |
| 泰国 | 东巴耶延—考艾森林保护区 | 形势危急 | 高度担忧 | ↗ | → | ↗ |
| 阿尔巴尼亚/奥地利/比利时/保加利亚/克罗地亚/德国/意大利/罗马尼亚/斯洛伐克/斯洛文尼亚/西班牙/乌克兰 | 喀尔巴阡山脉和欧洲其他地区的原始山毛榉林* | 良好但存在担忧 | 高度担忧 | → | ↗ | → |
| 白俄罗斯/波兰 | 比亚沃维耶扎原始森林 | 良好但存在担忧 | 高度担忧 | ↘ | ↗ | ↘ |
| 克罗地亚 | 普利特维采湖群国家公园 | 良好但存在担忧 | 高度担忧 | → | → | ↘ |
| 法国 | 留尼旺岛的山峰、冰斗和峭壁 | 良好但存在担忧 | 高度担忧 | ↘ | → | → |
| 葡萄牙 | 马德拉月桂树公园 | 良好但存在担忧 | 高度担忧 | ↘ | ↗ | → |
| 俄罗斯联邦 | 中锡霍特—阿林山脉 | 高度担忧 | 良好但存在担忧 | ↗ | ↘ | ↗ |

| 国家 | 遗产地 | 2014年保护前景 | 2017年保护前景 | 价值 | 威胁 | 保护与管理 |
|------|--------|----------------|----------------|------|------|------------|
| 俄罗斯联邦 | 阿尔泰的金山 | 高度担忧 | 良好但存在担忧 | → | ↗ | → |
| 斯洛文尼亚 | 斯科契扬溶洞 | 良好 | 良好但存在担忧 | ↘ | ↗ | → |
| 瑞士 | 少女峰—阿莱奇冰川—比奇峰 | 良好 | 良好但存在担忧 | ↘ | ↗ | ↘ |
| 加拿大 | 伍德布法罗国家公园 | 良好但存在担忧 | 高度担忧s | ↘ | ↗ | ↘ |
| 墨西哥 | 加利福尼亚湾群岛及保护区 | 良好但存在担忧 | 高度担忧 | ↘ | ↗ | → |
| 阿根廷 | 瓦尔德斯半岛 | 良好但存在担忧 | 高度担忧 | ↘ | ↗ | → |
| 巴西 | 塞拉多保护区：查帕达—多斯—维阿迪罗斯和艾玛斯国家公园 | 高度担忧 | 良好但存在担忧 | → | ↘ | ↗ |
| 厄瓜多尔 | 桑盖国家公园 | 高度担忧 | 良好但存在担忧 | → | ↗ | → |
| 秘鲁 | 里奥阿比塞奥国家公园 | 高度担忧 | 良好但存在担忧 | → | ↗ | ↗ |

*2015年以来得到拓展的世界自然遗产地

以下各章节将对各类总体保护前景（良好、良好但存在担忧、高度担忧、形势危急）的遗产地进行综述。每个类别不仅阐明了遗产地保存其价值的潜力，还指出了采取措施的急迫性，以改善保护前景和确保所有遗产地的长期保存。

# 良好

如果一个遗产地的保护前景"良好",这表明其价值目前状况良好,如果继续采取现有的保护措施,则其价值可能在可预见的未来得以维持。遗产地价值的威胁可能存在,因此必须继续进行管理工作,以确保该遗产地得到长期保护。对于具有良好前景的世界遗产,很重要的一点是继续保持当前表现,并作为优秀管理实践的典范。2017年《IUCN世界遗产展望》评估出以下47个保护前景为"良好"的遗产地:

| 地图标记 | 国家 | 遗产地 |
|---|---|---|
| 9 | 澳大利亚 | 澳大利亚哺乳动物化石地（里弗斯利/纳拉库特） |
| 20 | 匈牙利/斯洛伐克 | 阿格泰列克洞穴和斯洛伐克喀斯特地貌 |
| 26 | 中国 | 澄江化石遗址 |
| 27 | 中国 | 中国丹霞 |
| 36 | 加拿大 | 艾伯塔省恐龙公园 |
| 42 | 英国 | 多塞特和东德文海岸 |
| 65 | 马来西亚 | 沙捞越姆鲁山国家公园 |
| 67 | 美国 | 夏威夷火山国家公园 |
| 68 | 澳大利亚 | 赫德岛和麦克唐纳群岛 |
| 71 | 芬兰/瑞典 | 高海岸/瓦尔肯群岛 |
| 81 | 阿根廷 | 伊沙瓜拉斯托—塔拉姆佩雅自然公园 |
| 85 | 韩国 | 济州火山岛和熔岩洞 |
| 87 | 加拿大 | 乔金斯化石山崖 |
| 93 | 印度 | 干城章嘉峰国家公园* |
| 102 | ▲ 乍得 | 乌尼昂加湖泊群 |
| 104 | 瑞典 | 拉普人居住区 |
| 106 | 俄罗斯联邦 | 勒那河柱状岩自然公园 |
| 107 | 澳大利亚 | 洛德豪夫岛 |
| 109 | 阿根廷 | 卢斯阿莱尔塞斯国家公园* |
| 112 | 伊朗 | 卢特沙漠* |
| 121 | 德国 | 麦塞尔化石遗址 |
| 123 | 加拿大 | 米加沙国家公园 |
| 124 | 加拿大 | 米斯塔肯角* |
| 126 | 瑞士/意大利 | 圣乔治山 |
| 130 | 中国 | 峨眉山和乐山大佛 |
| 131 | 意大利 | 埃特纳火山 |
| 132 | 菲律宾 | 汉密吉伊坦山野生动物保护区 |

前景：良好

| 地图标记 | 国家 | 遗产地 |
|---|---|---|
| 133 | 中国 | 黄山 |
| 136 | 中国 | 三清山 |
| 140 | 纳米比亚 | 纳米布沙海 |
| 144 | 新西兰 | 新西兰次南极区群岛 |
| 146 | 澳大利亚 | 宁格罗海岸 |
| 154 | 美国 | 帕帕哈瑙莫夸基亚国家海洋保护区 |
| 163 | 澳大利亚 | 波奴鲁鲁国家公园 |
| 164 | 俄罗斯联邦 | 普托拉纳高原 |
| 181 | 澳大利亚 | 西澳大利亚鲨鱼湾 |
| 182 | 日本 | 白神山地 |
| 192 | 英国 | 圣基尔达岛 |
| 193 | 丹麦 | 斯泰温斯—克林特 |
| 195 | 冰岛 | 叙尔特塞 |
| 197 | 瑞士 | 萨多纳环形地质构造区 |
| 204 | 西班牙 | 泰德国家公园 |
| 208 | 丹麦/德国/荷兰 | 瓦登海 |
| 212 | 新西兰 | 汤加里罗国家公园 |
| 218 | 澳大利亚 | 乌卢鲁—卡塔曲塔国家公园 |
| 229 | 挪威 | 挪威西峡湾—盖朗厄尔峡湾和纳柔依峡湾 |
| 235 | 澳大利亚 | 威兰德拉湖区 |

▲ 2014年以来保护前景得以改善　　▼ 2014年以来保护前景发生恶化

* 2015年以来列入《世界遗产名录》的新遗产地

# 良好但存在担忧

如果一个遗产地的保护前景"良好但存在担忧",这表明其价值处于良好状态且如果增加少量保护措施来处理当前存在的问题,则其价值可能长期得以维持。这些遗产地被寄予希望能够解决这些问题,并争取在未来的评估中获得更好的保护前景。2017年《IUCN世界遗产展望》评估出以下107个保护前景为"良好但存在担忧"的遗产地。

| 地图标记 | | 国家 | 遗产地 |
|---|---|---|---|
| 2 | | 塞舌尔 | 阿尔达布拉环礁 |
| 3 | | 古巴 | 阿里杰罗德胡波尔德国家公园 |
| 6 | | 墨西哥 | 雷维亚希赫多群岛* |
| 13 | | 牙买加 | 蓝山和约翰·克罗山* |
| 14 | | 巴西 | 巴西大西洋群岛:费尔南多—迪诺罗尼亚群岛和罗卡斯岛保护区 |
| 15 | | 乌干达 | 比温蒂禁猎区国家公园 |
| 16 | | 加拿大 | 加拿大落基山公园 |
| 18 | | 南非 | 开普植物保护区 |
| 19 | | 美国 | 卡尔斯巴德洞穴国家公园 |
| 21 | | 巴西 | 亚马孙河中心综合保护区 |
| 22 | | 斯里兰卡 | 斯里兰卡中央高地 |
| 23 | ▲ | 俄罗斯联邦 | 中锡霍特—阿林山脉 |
| 24 | | 苏里南 | 苏里南中心自然保护区 |
| 25 | ▲ | 巴西 | 塞拉多保护区:查帕达—多斯—维阿罗罗斯和艾玛斯国家公园 |
| 33 | | 罗马尼亚 | 多瑙河三角洲 |
| 35 | | 古巴 | 格朗玛的德桑巴尔科国家公园 |
| 45 | | 加蓬 | 洛佩—奥坎德生态系统与文化遗迹景观 |
| 46 | | 墨西哥 | 厄尔比那喀提和德阿尔塔大沙漠生物圈保护区 |
| 49 | | 澳大利亚 | 弗雷泽岛 |
| 54 | ▲ | 俄罗斯联邦 | 阿尔泰的金山 |
| 55 | | 澳大利亚 | 澳大利亚冈瓦纳雨林 |
| 56 | | 土耳其 | 格雷梅国家公园和卡帕多奇亚岩石区 |
| 58 | | 美国 | 大峡谷国家公园 |
| 60 | | 印度 | 大喜马拉雅山脉国家公园保护区 |
| 61 | | 美国 | 大烟雾山国家公园 |
| 62 | | 澳大利亚 | 大蓝山地自然保护区 |
| 63 | | 加拿大 | 格罗斯莫讷国家公园 |

| 地图标记 | | 国家 | 遗产地 |
|---|---|---|---|
| 64 | | 法国 | 波尔托湾：皮亚纳—卡兰切斯、基罗拉塔湾、斯康多拉保护区 |
| 66 | | 越南 | 下龙湾 |
| 70 | | 土耳其 | 希拉波利斯和帕姆卡莱 |
| 73 | | 中国 | 黄龙风景名胜区 |
| 75 | | 中国 | 湖北神农架* |
| 77 | ▲ | 突尼斯 | 伊其克乌尔国家公园 |
| 80 | | 丹麦 | 伊路利萨特冰湾 |
| 82 | | 南非 | 大圣卢西亚湿地公园 |
| 84 | | 意大利 | 伊索莱约里（伊奥利亚群岛） |
| 86 | | 中国 | 九寨沟风景名胜区 |
| 90 | ▲ | 印度 | 卡齐兰加国家公园 |
| 91 | | 肯尼亚 | 肯尼亚东非大裂谷的湖泊系统 |
| 92 | | 印度 | 凯奥拉德奥国家公园 |
| 94 | | 坦桑尼亚 | 乞力马扎罗国家公园 |
| 95 | | 马来西亚 | 基纳巴卢山公园 |
| 96 | | 加拿大/美国 | 克卢恩/兰格尔—圣伊莱亚斯/冰川湾/塔琴希尼—阿尔塞克 |
| 98 | | 法国 | 新喀里多尼亚潟湖：珊瑚礁多样性和相关的生态系统 |
| 103 | | 蒙古/俄罗斯联邦 | 外贝加尔山脉景观* |
| 110 | | 阿根廷 | 卢斯阿莱尔塞斯国家公园 |
| 113 | | 澳大利亚 | 麦夸里岛 |
| 114 | | 南非/莱索托 | 马罗提—德拉肯斯堡公园 |
| 115 | | 哥伦比亚 | 马尔佩洛岛动植物保护区 |
| 116 | | 美国 | 猛玛洞穴国家公园 |
| 122 | | 希腊 | 迈泰奥拉（天空之城） |
| 127 | | 多米尼加 | 毛恩特鲁瓦皮顿山国家公园 |
| 128 | | 赞比亚/津巴布韦 | 莫西奥图尼亚瀑布/维多利亚瀑布 |
| 129 | | 希腊 | 阿索斯山 |
| 134 | | 肯尼亚 | 肯尼亚山国家公园/自然森林 |
| 137 | | 中国 | 泰山 |
| 138 | | 中国 | 武夷山 |
| 139 | | 加拿大 | 纳汉尼国家公园 |
| 141 | | 印度 | 楠达戴维与花之谷国家公园 |
| 145 | | 坦桑尼亚 | 恩戈罗恩戈罗自然保护区 |
| 148 | | 玻利维亚 | 诺尔·肯普夫·梅卡多国家公园 |
| 149 | | 日本 | 小笠原群岛 |
| 151 | | 博茨瓦纳 | 奥卡万戈三角洲 |
| 152 | | 美国 | 奥林匹克国家公园 |
| 156 | | 基里巴斯 | 菲尼克斯群岛保护区 |
| 157 | | 越南 | 方芽—科邦国家公园 |
| 162 | | 菲律宾 | 普林塞萨地下河国家公园 |
| 165 | | 法国/西班牙 | 比利牛斯—珀杜山 |
| 166 | | 中国 | 青海可可西里* |
| 168 | | 美国 | 红木国家及州立公园 |
| 169 | ▲ | 秘鲁 | 里奥阿比塞奥国家公园 |
| 171 | | 帕劳 | 洛克群岛—南部潟湖 |
| 172 | | 乌干达 | 鲁文佐里山国家公园 |
| 175 | | 苏丹 | 桑加奈卜国家海洋公园和敦戈奈卜海湾—姆卡瓦岛国家海洋公园* |
| 176 | ▲ | 厄瓜多尔 | 桑盖国家公园 |

| 地图标记 | | 国家 | 遗产地 |
|---|---|---|---|
| 178 | | 哈萨克斯坦 | 萨尔亚尔卡—哈萨克斯坦北部的草原和湖区 |
| 180 | ▲ | 坦桑尼亚 | 塞伦盖蒂国家公园 |
| 183 | | 日本 | 知床半岛 |
| 184 | | 墨西哥 | 圣卡安 |
| 185 | | 中国 | 四川大熊猫栖息地 |
| 188 | ▼ | 斯洛文尼亚 | 斯科契扬溶洞 |
| 190 | | 中国 | 中国南方喀斯特 |
| 191 | | 保加利亚 | 斯雷伯尔纳自然保护区 |
| 194 | ▲ | 印度 | 孙德尔本斯国家公园 |
| 196 | ▼ | 瑞士 | 少女峰—阿莱奇冰川—比奇峰 |
| 198 | | 科特迪瓦 | 塔伊国家公园 |
| 199 | | 塔吉克斯坦 | 塔吉克国家公园（帕米尔山） |
| 201 | | 澳大利亚 | 塔斯马尼亚荒原 |
| 202 | | 阿尔及利亚 | 阿杰尔的塔西利 |
| 203 | | 新西兰 | 蒂瓦希普纳穆—新西兰西南部地区 |
| 206 | | 意大利 | 多洛米蒂山脉 |
| 210 | | 泰国 | 童·艾·纳雷松野生生物保护区 |
| 211 | | 危地马拉 | 蒂卡尔国家公园 |
| 215 | ▼ | 马达加斯加 | 黥基·德·贝马拉哈自然保护区 |
| 216 | | 菲律宾 | 图巴塔哈群礁国家公园 |
| 217 | ▲ | 印度尼西亚 | 乌戎格库龙国家公园 |
| 219 | | 蒙古/俄罗斯联邦 | 乌布苏湖盆地 |
| 220 | | 塞舌尔 | 马埃谷地自然保护区 |
| 225 | ▲ | 贝宁/布基纳法索/<br>尼日尔 | W—阿尔利—彭贾里保护区 |
| 226 | ▼ | 埃及 | 鲸鱼峡谷 |
| 227 | | 约旦 | 瓦迪拉姆保护区 |
| 228 | | 加拿大/美国 | 沃特顿冰川国际和平公园 |
| 234 | | 墨西哥 | 埃尔比斯卡伊诺鲸鱼保护区 |
| 238 | | 中国 | 新疆天山 |
| 239 | | 日本 | 屋久岛 |
| 240 | | 美国 | 黄石国家公园 |
| 241 | | 美国 | 优胜美地国家公园 |

▲ 2014年以来保护前景得以改善　▼ 2014年以来保护前景发生恶化

\* 2015年以来列入《世界遗产名录》的新遗产地

# 高度担忧

如果一个遗产地的保护前景存在"高度担忧"，则认为其价值遭受一些现有和/或潜在的威胁，需要显著增加保护措施，以在中长期维持这些价值。具体的威胁和保护管理问题因地而异，在接下来的两章中将进行更详细的讨论。2017年《IUCN世界遗产展望》评估出以下70个保护前景为"高度担忧"的遗产地。

| 地图标记 | | 国家 | 遗产地 |
|---|---|---|---|
| 4 | ▼ | 阿尔巴尼亚/奥地利/比利时/保加利亚/克罗地亚/德国/意大利/罗马尼亚/斯洛伐克/斯洛文尼亚/西班牙/乌克兰 | 喀尔巴阡山脉和欧洲其他地区的原始山毛榉林 |
| 5 | | 墨西哥 | 玛雅古城和卡拉克穆尔热带保护森林 |
| 7 | | 哥斯达黎加 | 瓜纳卡斯特自然保护区 |
| 8 | | 巴西 | 大西洋东南热带雨林保护区 |
| 10 | | 毛里塔尼亚 | 阿尔金岩石礁国家公园 |
| 11 | | 伯利兹 | 伯利兹堡礁保护区 |
| 12 | ▼ | 白俄罗斯/波兰 | 比亚沃维耶扎原始森林 |
| 17 | | 委内瑞拉 | 卡奈依马国家公园 |
| 28 | | 尼泊尔 | 奇特旺皇家国家公园 |
| 29 | | 马里共和国 | 邦贾加拉悬崖（多贡斯土地） |
| 30 | | 哥斯达黎加 | 科科斯岛国家公园 |
| 31 | | 巴拿马 | 柯义巴岛国家公园及其海洋特别保护区 |
| 32 | ▲ | 科特迪瓦 | 科莫埃国家公园 |
| 34 | | 巴拿马 | 达连国家公园 |
| 37 | | 巴西 | 大西洋沿岸热带雨林保护区 |
| 39 | | 塞内加尔 | 朱贾国家鸟类保护区 |
| 40 | | 西班牙 | 多南那国家公园 |
| 41 | ▲ | 泰国 | 东巴耶延—考艾森林保护区 |
| 43 | | 黑山共和国 | 杜米托尔国家公园 |
| 47 | | 乍得 | 恩内迪高地：自然和文化景观* |
| 50 | | 厄瓜多尔 | 加拉帕戈斯群岛 |
| 51 | | 西班牙 | 加拉霍奈国家公园 |

| 地图标记 | | 国家 | 遗产地 |
|---|---|---|---|
| 53 | | 英国 | 巨人之路和海岸堤道 |
| 57 | | 英国 | 戈夫岛和伊纳克塞瑟布尔岛 |
| 59 | | 澳大利亚 | 大堡礁 |
| 69 | | 英国 | 亨德森岛 |
| 72 | | 秘鲁 | 马丘比丘历史保护区 |
| 74 | | 秘鲁 | 瓦斯卡兰国家公园 |
| 76 | | 西班牙 | 伊维萨岛的生物多样性和文化 |
| 78 | | 巴西 | 伊瓜苏国家公园 |
| 79 | | 阿根廷 | 伊瓜苏国家公园 |
| 83 | ▼ | 墨西哥 | 加利福尼亚湾群岛及保护区 |
| 89 | | 澳大利亚 | 卡卡杜国家公园 |
| 97 | | 印度尼西亚 | 科莫多国家公园 |
| 99 | | 俄罗斯联邦 | 贝加尔湖 |
| 100 | | 马拉维 | 马拉维湖国家公园 |
| 105 | ▼ | 葡萄牙 | 马德拉月桂树公园 |
| 108 | | 印度尼西亚 | 洛伦茨国家公园 |
| 111 | | 哥伦比亚 | 洛斯卡蒂奥斯国家公园 |
| 117 | | 津巴布韦 | 马纳波尔斯国家公园、萨比和切俄雷自然保护区 |
| 118 | | 印度 | 马纳斯野生动植物保护区 |
| 120 | | 秘鲁 | 玛努国家公园 |
| 142 | | 马其顿 | 奥赫里德地区文化历史遗迹及其自然景观 |
| 143 | | 俄罗斯联邦 | 弗兰格尔岛自然保护区 |
| 153 | | 巴西 | 潘塔奈尔保护区 |
| 155 | ▼ | 阿根廷 | 瓦尔德斯半岛 |
| 158 | | 保加利亚 | 皮林国家公园 |
| 159 | | 圣卢西亚岛 | 皮通斯山保护区 |
| 160 | ▼ | 法国 | 留尼旺岛的山峰、冰斗和峭壁 |
| 161 | ▼ | 克罗地亚 | 普利特维采湖群国家公园 |
| 167 | | 马达加斯加 | 阿钦安阿纳雨林 |
| 173 | | 尼泊尔 | 萨加玛塔国家公园 |
| 177 | | 喀麦隆/中非共和国/刚果 | 桑加跨三国保护区 |
| 186 | | 埃塞俄比亚 | 塞米恩国家公园 |
| 187 | | 斯里兰卡 | 辛哈拉贾森林保护区 |
| 189 | | 也门 | 索科特拉群岛 |
| 200 | | 哥斯达黎加/巴拿马 | 塔拉曼卡山脉阿米斯塔德保护区/阿米斯塔德国家公园 |
| 205 | | 伊拉克 | 伊拉克南部艾赫沃尔：生态多样性避难所和美索不达米亚城市遗迹景观* |
| 207 | | 孟加拉国 | 孙德尔本斯国家公园 |
| 209 | | 中国 | 云南三江并流保护区 |
| 213 | | 越南 | 长安景观 |
| 221 | | 俄罗斯联邦 | 科米原始森林 |
| 223 | | 俄罗斯联邦 | 堪察加火山群 |
| 224 | | 南非 | 弗里德堡陨石坑 |
| 230 | | 俄罗斯联邦 | 西高加索山 |
| 231 | | 印度 | 西高止山脉 |
| 232 | | 哈萨克斯坦/吉尔吉斯斯坦/乌兹别克斯坦 | 西部天山* |
| 233 | | 澳大利亚 | 昆士兰湿热带地区 |
| 236 | ▼ | 加拿大 | 伍德布法罗国家公园 |
| 237 | | 中国 | 武陵源风景名胜区 |

▲ 2014年以来保护前景得以改善　▼ 2014年以来保护前景发生恶化

* 2015年以来列入《世界遗产名录》的新遗产地

# 形势危急

保护前景"形势危急"的遗产地受到严重威胁，急需大规模增加保护措施，否则其价值可能会丧失。这些遗产地面临一系列威胁，并且很多遗产地无力解决这些问题。然而，这些问题往往跨越国界，迫切需要国际社会的关注来帮助缓解这些威胁，防止这些遗产地不可挽回地丧失价值。这些遗产地许多都被列入《世界濒危遗产名录》，其他的也应当考虑列入濒危名录。它们应该在《世界遗产公约》保护行动中享有最高的优先权。2017年《IUCN世界遗产展望》评估出以下17个保护前景为"形势危急"的遗产地。

| 地图标记 | 国家 | 遗产地 |
| --- | --- | --- |
| 1 | 尼日尔 | 阿德尔和泰内雷自然保护区 |
| 38 | 喀麦隆 | 德贾动物保护区 |
| 44 | 所罗门群岛 | 东伦内尔岛 |
| 48 | 美国 | 大沼泽地国家公园 |
| 52 | 刚果民主共和国 | 加兰巴国家公园 |
| 88 | 刚果民主共和国 | 卡胡兹—别加国家公园 |
| 101 | 肯尼亚 | 图尔卡纳湖国家公园 |
| 119 | 中非共和国 | 马诺沃贡达圣绅罗里斯国家公园 |
| 125 | 墨西哥 | 黑脉金斑蝶生态保护区 |
| 135 | 科特迪瓦/几内亚 | 宁巴山自然保护区 |
| 147 | 塞内加尔 | 尼奥科罗—科巴国家公园 |
| 150 | 刚果民主共和国 | 俄卡皮鹿野生动物保护地 |
| 170 | 洪都拉斯 | 雷奥普拉塔诺生物圈保留地 |
| 174 | 刚果民主共和国 | 萨隆加国家公园 |
| 179 | 坦桑尼亚 | 塞卢斯禁猎区 |
| 214 | 印度尼西亚 | 苏门答腊热带雨林 |
| 222 | 刚果民主共和国 | 维龙加国家公园 |

▲ 2014年以来保护前景得以改善　▼ 2014年以来保护前景发生恶化

* 2015年以来列入《世界遗产名录》的新遗产地

# 价值

突出普遍价值（OUV）这一概念是《世界遗产公约》的核心。突出普遍价值被定义为"罕见的、超越了国家界限的、对全人类的现在和未来均具有普遍的重要意义的文化和/或自然价值"（《实施<世界遗产公约>操作指南》，2016）。

要具有突出普遍价值，一处遗产地应符合《操作指南》（2016）中定义的一项或多项世界遗产标准，满足完整性条件，并具备有效的保护与管理。自然遗产地的标准(VII)到标准(X)如下：

(VII) - 绝妙的自然现象或具有罕见自然美和美学价值的地区；

(VIII) - 是地球演化史中重要阶段的突出例证，包括生命记载和地貌演变中的重要地质过程或显著的地质或地貌特征；

(IX) - 突出代表了陆地、淡水、海岸和海洋生态系统及动植物群落演变、发展的生态和生理过程；

(X) - 是生物多样性原址保护的最重要的自然栖息地，包括从科学和保护角度看，具有突出普遍价值的濒危物种栖息地。

《IUCN世界遗产展望》评估了遗产地列入《世界遗产名录》所依据价值的现状，以及价值状况与以前的评估相比是如何变化的。

总体而言，70%的世界遗产地的价值被认为处于良好状态或存在轻度的担忧，而27%的价值状态值得高度担忧，3%的形势危急。有一个遗产地（跨哈萨克斯坦/吉尔吉斯斯坦/乌兹别克斯坦三国的西天山）没有足够的信息可供作出结论，因此其价值状况被评估为"数据不足"。尽管IUCN曾建议推迟其提名，这一遗产地还是在2016年列入《世界遗产名录》，但遗产地的设计以及它在多大程度上展示突出普遍价值，仍然存有不确定性。

2017年所有世界自然遗产地的价值总体状况

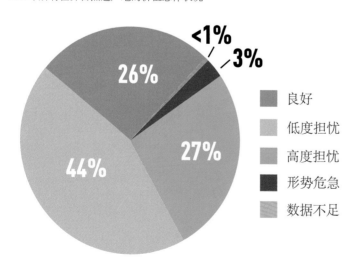

- 良好
- 低度担忧
- 高度担忧
- 形势危急
- 数据不足

虽然评估发现许多遗产地的价值状况发生变化了，但2017年的总体结果仍然与2014年的结果非常相似，因为两次评估的负面变化和正面变化之间存在相互的抵消和平衡。

考虑到与不同遗产标准相关的价值，与2014年的结果类似，生物多样性价值（标准IX和X）持续受到更高的关注，有更多的遗产地被评估为高度担忧或形势危急：

与2017年所有241个世界自然遗产地的不同遗产标准相关的世界遗产价值状况

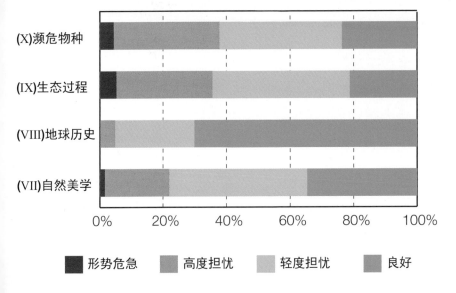

# 威胁

《IUCN世界遗产展望》识别并评估影响世界自然遗产地的现有威胁和潜在威胁。现有威胁是指对遗产地价值有直接明显影响的活动或事件，如基础设施建设、入侵物种、旅游或自然灾害等；而潜在威胁是指计划中的活动或发展趋势成为现实后会产生的影响，如规划的基础设施项目等。对于每个已识别的威胁，按照4个可能的级别进行评估，分别是极低、低度、高度和极高。

《IUCN世界遗产展望》所采用的威胁分类改编自《保护工作开放式评估标准（第1版)》[3]的威胁分类，是一种广泛应用于自然保护领域的分类，如"IUCN濒危物种红色名录"。开放式标准划分了广义的威胁类别（例如地质事件），然后将其细分为更多子类别（例如火山、地震/海啸、雪崩/山体滑坡）。在2017年更新《保护前景评估》的评估方法时，2014年的一些威胁名称的用词被简化，使其在世界自然遗产背景下更加清晰。

2017年《IUCN世界遗产展望》表明，世界自然遗产地所面临的各种各样的威胁和压力日益加剧。下面的两节文字对比了截至2014年已列入的228个遗产地在2014年和2017年的现有威胁和潜在威胁，并记录了这些威胁被评估为"高度"或"极高"的遗产地数量。

## 现有威胁

2017年的结果显示，入侵物种和气候变化是如今世界自然遗产面临的两大现有威胁。其次是旅游影响、合法和非法的捕鱼和狩猎、火灾、水污染和堤坝建设。

自2014年以来，气候变化一直是增长最快的当前威胁，增幅达77%（2014年有35个遗产地以其为"高度"或"极高"的现有威胁，而2017年有62个）。在2014年的《IUCN世界遗产展望》中，气候变化被认为是最重要的潜在威胁，而如今对一些遗产地而言，它已经成为不容忽视的现实。

火灾威胁是增长第二快的遗产地影响因素，2014年至2017年间增长了33%（以其为"高度"或"极高"威胁的遗产地，2014年有27个，而2017年有36个）。在大多数情况下，火灾风险的增加很可能与气候变化影响相关。

尽管入侵物种和旅游影响仍然位列现今最普遍的三大威胁，但在2014年至2017年之间，受这两种威胁影响的遗产地增幅不大（入侵物种增加14%，旅游影响增加10%）。

3. http://cmp-openstandards.org/using-os/tools/threats-taxonomy/

下图显示了2014年和2017年被评估为"高度"或"极高"的现有威胁。数字是出现这些威胁的遗产地数量

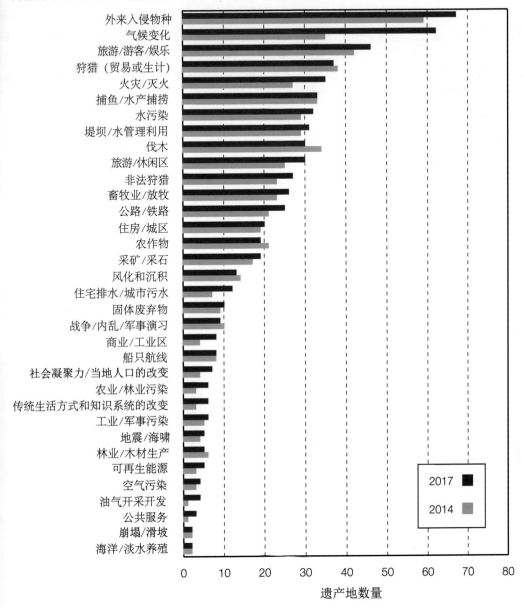

## 潜在威胁

气候变化的影响已经在许多自然遗产地日益突显，但它也是最普遍的重大潜在威胁。事实上，与2014年相比，2017年有更多遗产地将气候变化列为潜在威胁（从49个增加到55个）。

公路建设已成为第二普遍的潜在威胁，2014年至2017年的增长最为显著，增幅达到83%（2014年有12个遗产地可能受其潜在影响，2017年增至22个）。

其他基础设施项目（如堤坝和旅游设施）以及矿产、石油和天然气开发也是主要的潜在威胁。2014年以来，受水电基础设施建设影响较大的遗产地数量从13个增加到17个（增长31%），受旅游设施建设影响较大的遗产地从11个增加到15个（增长36%）。

尽管一些潜在威胁在2014年至2017年间呈下降趋势，但这可能是由于个别威胁已经成为了实际存在的威胁。

下图显示了2017年和2014年被评估为"高度"或"极高"的潜在威胁。数字是出现这些威胁的遗产地数量

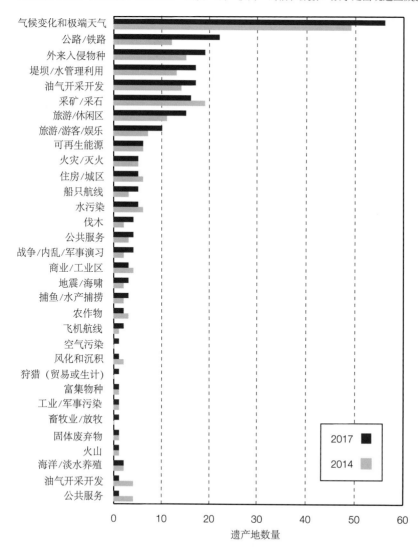

# 保护与管理

《IUCN世界遗产展望》对保护与管理的14个不同方面进行评估，包括法律体系、管理体系、与当地民众的关系、监测、遗产地边界、旅游和访问管理等[4]。然后通过各类别的评估来确定每个遗产地总体上的保护与管理有效性。

包括2015年至2017年新列入的遗产地在内，所有241个世界自然遗产地2017年的评估结果显示，只有48%的遗产地总体上具有"基本有效"或"非常有效"的保护与管理，12%的遗产地的保护与管理令人"高度担忧"。

所有遗产地的保护与管理2017年评估结果百分比

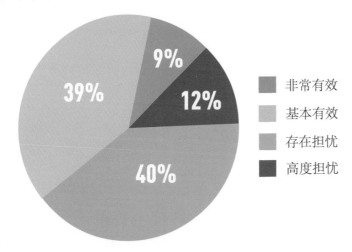

截至2014年列入的228个遗产地，其2014年和2017年整体保护与管理评估结果对比

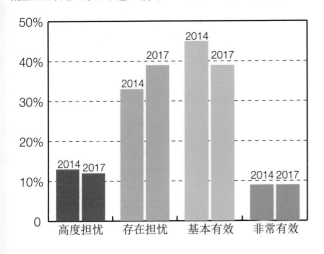

4.保护与管理的全部类别包括：与当地民众的关系、法律体制、执法、与区域和国家规划体系的整合、管理体系、管理有效性、落实世界遗产委员会的决议和建议、边界、可持续财务、员工培训和发展、可持续利用、教育和宣传项目、旅游和访问管理、监测、研究。

在2015年至2017年列入《世界遗产名录》的13个新遗产地中，只有1个遗产地的保护与管理被评估为"非常有效"，5个（38%）遗产地的保护与管理被评估为"基本有效"，7个（54%）遗产地的保护与管理被评估为"存在担忧"或"高度担忧"。

总的来说，2014年至2017年期间，保护与管理的有效性有所下降。截至2014年，已列入《世界遗产名录》的228个遗产地中，保护与管理总体"存在担忧"的遗产地较多，保护与管理总体"有效"或"非常有效"的遗产地较少。显然，我们需要付出更多的努力，来解决世界自然遗产地保护与管理水准日益下降的问题。在这方面，有许多旨在提高管理有效性的工具和标准，可以直接引进给最需要的遗产地。比如，正在推广中的IUCN"保护地绿色名录"理念也为这些重点遗产地提供了更大的视野，帮助它们提高水平。

下面的数字展示了2017年通常被评估为"非常有效"和"高度担忧"的管理领域。与2014年类似，"研究"仍然是通常被评估为"非常有效"的主题。2017年，"可持续财务"是通常被评估为"高度担忧"的问题。

2017年保护与管理的各项主题被评估为"非常有效"的遗产地数量

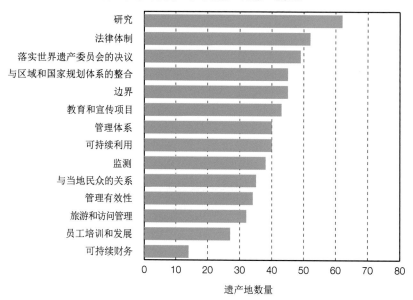

对比2014年和2017年评估的各项管理领域，"可持续财务"仍然是最受关注的主题，该项被评估为"存在担忧"或"高度担忧"的遗产地数量最多（2017年为118个遗产地）。然而，过去三年管理有效性下降最严重的领域，是与地区和国家规划体系的整合（与2014年相比，2017年被评估为"存在担忧"或"高度担忧"的遗产地增加了40%），其次是与当地民众的关系（22%），再次是可持续利用（18%）。这3个管理领域之间存在着联系，即都涉及世界遗产地在多大程度上被纳入更广泛的景观规划、区域规划以及行业发展战略。最近有新的政策，将可持续发展观整合纳入《世界遗产公约》进程，这将为今后更有效地处理这些问题提供一个工作框架。

2007年保护与管理的各项主题被评估为"高度担忧"的遗产地数量

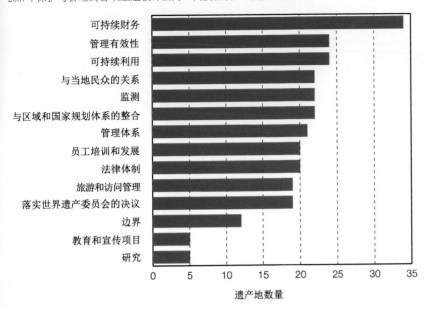

2017年保护与管理的各项主题被评估为"存在担忧"或"高度担忧"的遗产地数量与2014年的对比

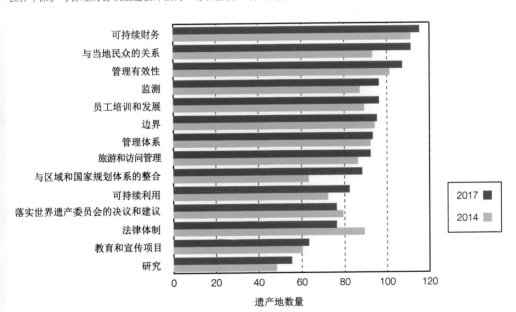

地区展望：
非洲

# 事实和数字: 非洲

* 37处世界自然遗产和5处复合遗产，分布在26个国家

* 41047244公顷的总面积

* 2处海洋和海岸遗产地

* 5处跨国遗产地

* 11处濒危遗产地

* 1处遗产地于2015年以后列入名录

《IUCN世界遗产展望2》的评估结果显示，在非洲地区所有的世界自然遗产地和复合（自然和文化）遗产地中，48％的保护前景是"良好"或"良好但存在担忧"，24％的是"高度担忧"，28％的前景"形势危急"。

非洲地区2017年世界自然遗产保护前景

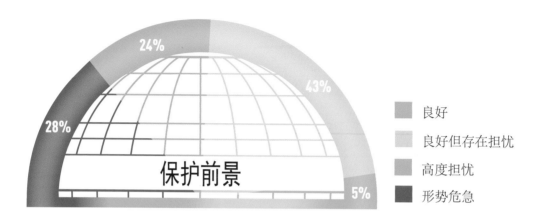

| | |
|---|---|
| ▨ | 良好 |
| ▨ | 良好但存在担忧 |
| ▨ | 高度担忧 |
| ▨ | 形势危急 |

2015年以来，非洲地区新增1处遗产地：

| 国家 | 遗产地 | 2017年保护前景 | 列入年份 |
|---|---|---|---|
| 乍得 | 恩内迪高地：自然和文化景观 | 高度担忧 | 2016 |

在2014年之前列入并接受过2014年《IUCN世界遗产展望》评估的遗产地中，4处的保护前景有所改善，1处则发生恶化：

| 国家 | 遗产地 | 2014年保护前景 | 2017年保护前景 |
|---|---|---|---|
| 乍得 | 乌尼昂加湖泊群 | 良好但存在担忧 | 良好 |
| 科特迪瓦 | 科莫埃国家公园 | 形势危急 | 高度担忧 |
| 贝宁/布基纳法索/尼日尔 | W—阿尔利—彭贾里保护区 | 高度担忧 | 良好但存在担忧 |
| 马达加斯加 | 黥基·德·贝马拉哈自然保护区 | 良好 | 良好但存在担忧 |
| 坦桑尼亚 | 塞伦盖蒂国家公园 | 高度担忧 | 良好但存在担忧 |

威胁

合法与非法狩猎、火灾、伐木、入侵物种和气候变化是非洲自然遗产地面临的最严重威胁。

在2017年被评估为高度或极高的现有威胁。数字是存在这些威胁的遗产地数量

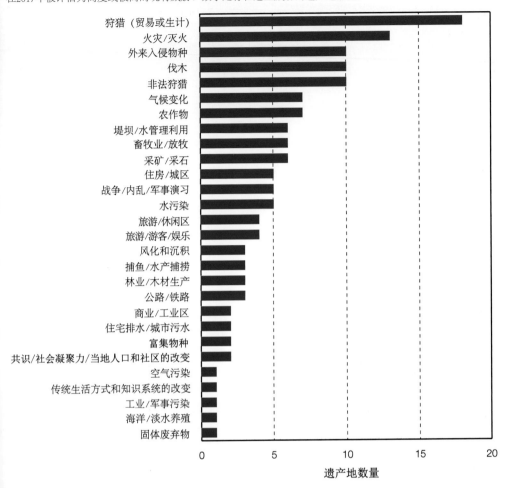

遗产地数量

## 保护与管理

非洲地区的世界自然遗产地中，只有35％被评估为得到"非常有效"或"基本有效"的保护与管理，41％的遗产地的保护与管理被评估为"存在担忧"，24％的遗产地则为"高度担忧"。

本地区所有遗产地的保护与管理2017年评估结果百分比

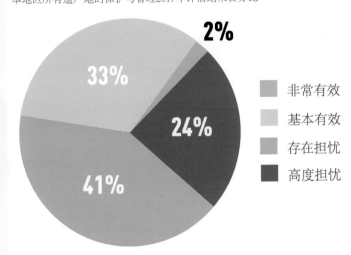

| 地图标记 | | 遗产地 |
|---|---|---|
| 102 | ▲ | 乌尼昂加湖泊群，乍得 |
| 140 | | 纳米布沙海，纳米比亚 |

良好

| | | |
|---|---|---|
| 2 | | 阿尔达布拉环礁，塞舌尔 |
| 15 | | 比温蒂禁猎区国家公园，乌干达 |
| 18 | | 开普植物保护区，南非 |
| 45 | | 洛佩—奥坎德生态系统与文化遗迹景观，加蓬 |
| 82 | | 大圣卢西亚湿地公园，南非 |
| 91 | | 肯尼亚东非大裂谷的湖泊系统，肯尼亚 |
| 94 | | 乞力马扎罗国家公园，坦桑尼亚 |
| 114 | | 马罗提—德拉肯斯堡公园，莱索托/南非 |
| 128 | | 莫西奥图尼亚瀑布/维多利亚瀑布，赞比亚/津巴布韦 |
| 134 | | 肯尼亚山国家公园/自然森林，肯尼亚 |
| 145 | | 恩戈罗恩戈罗自然保护区，坦桑尼亚 |
| 151 | | 奥卡万戈三角洲，博茨瓦纳 |
| 172 | | 鲁文佐里山国家公园，乌干达 |
| 180 | | 塞伦盖蒂国家公园，坦桑尼亚 |
| 198 | | 塔伊国家公园，科特迪瓦 |
| 215 | ▼ | 黥基·德·贝马拉哈自然保护区，马达加斯加 |
| 220 | | 马埃谷地自然保护区，塞舌尔 |
| 225 | ▲ | W—阿尔利—彭贾里保护区，贝宁/布基纳法索/尼日尔 |

良好但存在担忧

| | | |
|---|---|---|
| 29 | | 邦贾加拉悬崖（多贡斯土地），马里共和国 |
| 32 | ▲ | 科莫埃国家公园，科特迪瓦 |
| 39 | | 朱贾国家鸟类保护区，塞内加尔 |
| 47 | | 恩内迪高地：自然和文化景观，乍得* |
| 100 | | 马拉维湖国家公园，马拉维 |
| 117 | | 马纳波尔斯国家公园、萨比和切俄雷自然保护区，津巴布韦 |
| 167 | | 阿钦安阿纳雨林，马达加斯加 |
| 177 | | 桑加跨三国保护区，喀麦隆/中非共和国/刚果 |
| 186 | | 塞米恩国家公园，埃塞俄比亚 |
| 224 | | 弗里德堡陨石坑，南非 |

高度担忧

| | | |
|---|---|---|
| 1 | | 阿德尔和泰内雷自然保护区，尼日尔 |
| 38 | | 德贾动物保护区，喀麦隆 |
| 52 | | 加兰巴国家公园，刚果民主共和国 |
| 88 | | 卡胡兹—别加国家公园，刚果民主共和国 |
| 101 | | 图尔卡纳湖国家公园，肯尼亚 |
| 119 | | 马诺沃贡达圣绅罗里斯国家公园，中非共和国 |
| 135 | | 宁巴山自然保护区，科特迪瓦/几内亚 |
| 147 | | 尼奥科罗—科巴国家公园，塞内加尔 |
| 150 | | 俄卡皮鹿野生动物保护地，刚果民主共和国 |
| 174 | | 萨隆加国家公园，刚果民主共和国 |
| 179 | | 塞卢斯禁猎区，坦桑尼亚 |
| 222 | | 维龙加国家公园，刚果民主共和国 |

形势危急

▲ 2014年以来保护前景得以改善　▼ 2014年以来保护前景发生恶化
* 2015年以来列入《世界遗产名录》的新遗产地

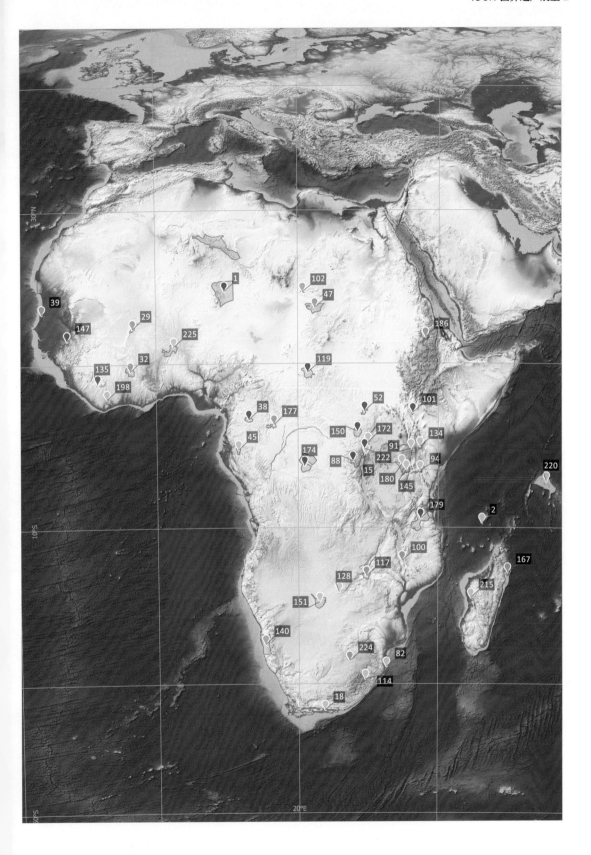

地区展望：
阿拉伯国家

# 事实和数字: 阿拉伯国家

* 5处世界自然遗产和3处复合遗产，分布在8个国家
* 9762327公顷的总面积
* 3处海洋和海岸遗产地
* 0处濒危遗产地
* 2处遗产地于2015年以后列入名录

《IUCN世界遗产展望2》的评估结果显示，在阿拉伯国家地区所有的世界自然遗产地和复合（自然和文化）遗产地中，62%的保护前景是"良好但存在担忧"，38%的是"高度担忧"。应注意的是这一地区只有8个遗产地，样本较少。

阿拉伯地区2017年世界自然遗产保护前景

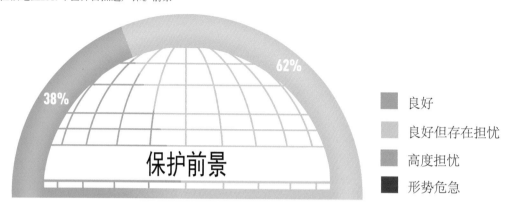

良好

良好但存在担忧

高度担忧

形势危急

在2014年前列入的遗产地中，有2处曾接受过2014年的《IUCN世界遗产展望》评估。其中1个遗产地的保护前景有所改善，1个遗产地则发生恶化：

| 国家 | 遗产地 | 2014年保护前景 | 2017年保护前景 |
|---|---|---|---|
| 埃及 | 鲸鱼峡谷 | 良好 | 良好但存在担忧 |
| 突尼斯 | 伊其克乌尔国家公园 | 高度担忧 | 良好但存在担忧 |

2015年以来，阿拉伯地区新增2处遗产地：

| 国家 | 遗产地 | 2017年保护前景 | 列入年份 |
|---|---|---|---|
| 伊拉克 | 伊拉克南部艾赫沃尔：生态多样性避难所和美索不达米亚城市遗迹景观 | 高度担忧 | 2016 |
| 苏丹 | 桑加奈卜国家海洋公园和敦戈奈卜海湾—姆卡瓦岛国家海洋公园 | 良好但存在担忧 | 2016 |

## 威胁

气候变化、旅游影响和捕鱼是阿拉伯国家自然遗产地最普遍的现有威胁。

在2017年被评估为高度或极高的现有威胁。数字是存在这些威胁的遗产地数量

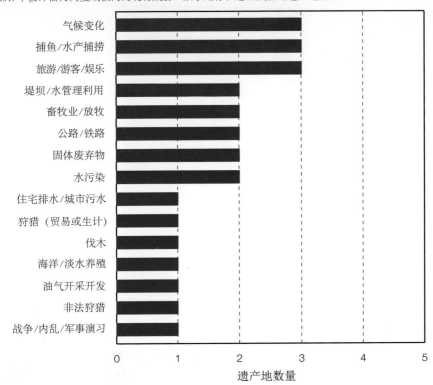

## 保护与管理

阿拉伯国家地区的世界自然遗产地中，无一得到有效的保护与管理评估结果。大部分遗产地的保护与管理被评估为"存在担忧"，1处遗产地被评估为"高度担忧"。

本地区所有遗产地的保护与管理2017年评估结果百分比

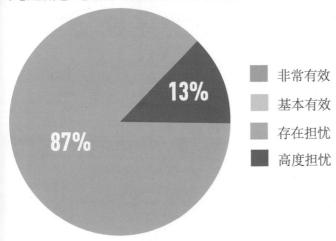

| 地图标记 | | 遗产地 |
|---|---|---|
| | | 无 | **良好** |
| 77 | ▲ | 伊其克乌尔国家公园，突尼斯 | |
| 175 | | 桑加奈卜国家海洋公园和敦戈奈卜海湾—姆卡瓦岛国家海洋公园，苏丹* | |
| 202 | | 阿杰尔的塔西利，阿尔及利亚 | |
| 226 | ▼ | 鲸鱼峡谷，埃及 | |
| 227 | | 瓦迪拉姆保护区，约旦 | **良好但存在担忧** |
| 10 | | 阿尔金岩石礁国家公园，毛里塔尼亚 | |
| 189 | | 索科特拉群岛，也门 | |
| 205 | | 伊拉克南部艾赫沃尔：生态多样性避难所和美索不达米亚城市遗迹景观，伊拉克* | **高度担忧** |
| | | 无 | **形势危急** |

▲ 2014年以来保护前景得以改善　▼ 2014年以来保护前景发生恶化
* 2015年以来列入《世界遗产名录》的新遗产地

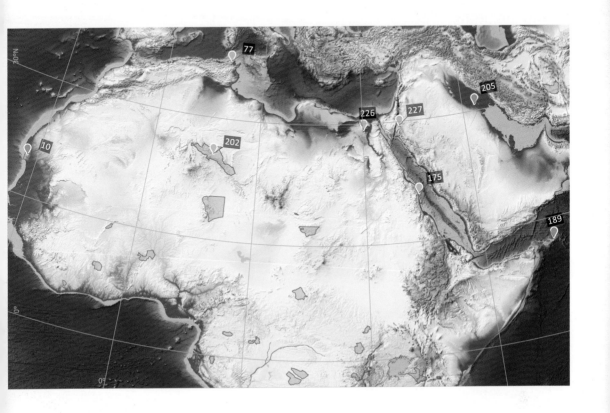

地区展望：
亚洲

# 事实和数字: 亚洲

* 48处世界自然遗产和6处复合遗产, 分布在19个国家

* 25220159公顷的总面积

* 9处海洋和海岸遗产地

* 3处跨国遗产地

* 1处濒危遗产地

* 6处遗产地于2015年以后列入名录

《IUCN世界遗产展望2》的评估结果显示，在亚洲地区所有的世界自然遗产地和复合（自然和文化）遗产地中，74%的保护前景是"良好"或"良好但存在担忧"，24%的是"高度担忧"，2%的前景"形势危急"。

亚洲地区2017年世界自然遗产保护前景

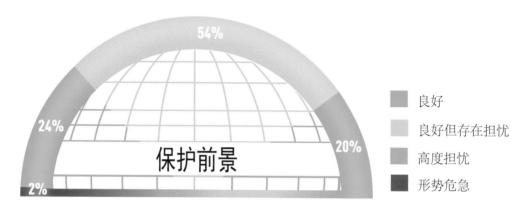

2015年以来，亚洲地区新增6处遗产地：

| 国家 | 遗产地 | 2017年保护前景 | 列入年份 |
|---|---|---|---|
| 中国 | 湖北神农架 | 良好但存在担忧 | 2016 |
| 中国 | 青海可可西里 | 良好但存在担忧 | 2017 |
| 印度 | 干城章嘉峰国家公园 | 良好 | 2016 |
| 伊朗 | 卢特沙漠 | 良好 | 2016 |
| 哈萨克斯坦/吉尔吉斯斯坦/乌兹别克斯坦 | 西部天山 | 高度担忧 | 2016 |
| 蒙古/俄罗斯联邦 | 外贝加尔山脉景观 | 良好但存在担忧 | 2017 |

2014年之前列入并接受过2014年的《IUCN世界遗产展望》评估的4处遗产地，其保护前景均有所改善。

| 国家 | 遗产地 | 2014年保护前景 | 2017年保护前景 |
|---|---|---|---|
| 印度 | 卡齐兰加国家公园 | 高度担忧 | 良好但存在担忧 |
| 印度 | 孙德尔本斯国家公园 | 高度担忧 | 良好但存在担忧 |
| 印度尼西亚 | 乌戎格库龙国家公园 | 高度担忧 | 良好但存在担忧 |
| 泰国 | 东巴耶延—考艾森林保护区 | 形势危急 | 高度担忧 |

## 威胁

旅游及旅游基础设施、狩猎、公路和堤坝的影响是亚洲自然遗产地最普遍的重大威胁，其次是水污染、入侵物种和气候变化。

在2017年被评估为高度或极高的现有威胁。数字是出现这些威胁的遗产地数量

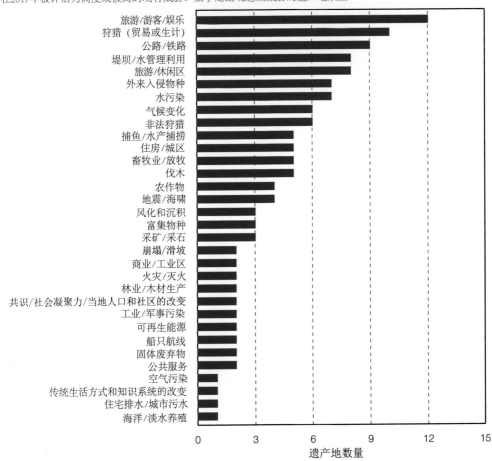

旅游/游客/娱乐
狩猎（贸易或生计）
公路/铁路
堤坝/水管理利用
旅游/休闲区
外来入侵物种
水污染
气候变化
非法狩猎
捕鱼/水产捕捞
住房/城区
畜牧业/放牧
伐木
农作物
地震/海啸
风化和沉积
富集物种
采矿/采石
崩塌/滑坡
商业/工业区
火灾/灭火
林业/木材生产
共识/社会凝聚力/当地人口和社区的改变
工业/军事污染
可再生能源
船只航线
固体废弃物
公共服务
空气污染
传统生活方式和知识系统的改变
住宅排水/城市污水
海洋/淡水养殖

遗产地数量

## 保护与管理

亚洲地区的世界自然遗产地中，48%得到"基本有效"或"非常有效"的保护与管理，42%的遗产地的保护与管理被评估为"存在担忧"，10%的遗产地得到"高度担忧"。

本地区所有遗产地的保护与管理2017年评估结果百分比

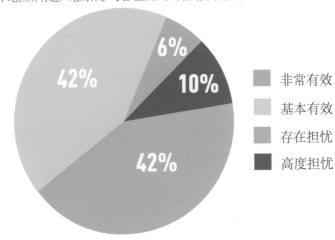

非常有效
基本有效
存在担忧
高度担忧

| 地图标记 | | 遗产地 |
|---|---|---|
| 26 | | 澄江化石遗址，中国 |
| 27 | | 中国丹霞，中国 |
| 65 | | 沙捞越姆鲁山国家公园，马来西亚 |
| 85 | | 济州火山岛和熔岩洞，韩国 |
| 93 | | 干城章嘉峰国家公园，印度* |
| 112 | | 卢特沙漠，伊朗* |
| 130 | | 峨眉山和乐山大佛，中国 |
| 132 | | 汉密吉伊坦山野生动物保护区，菲律宾 |
| 133 | | 黄山，中国 |
| 136 | | 三清山，中国 |
| 182 | | 白神山地，日本 |

**良好**

| | | |
|---|---|---|
| 22 | | 斯里兰卡中央高地，斯里兰卡 |
| 60 | | 大喜马拉雅山脉国家公园保护区，印度 |
| 66 | | 下龙湾，越南 |
| 73 | | 黄龙风景名胜区，中国 |
| 75 | | 湖北神农架，中国* |
| 86 | | 九寨沟风景名胜区，中国 |
| 90 | ▲ | 卡齐兰加国家公园，印度 |
| 92 | | 凯奥拉德奥国家公园，印度 |
| 95 | | 基纳巴卢山公园，马来西亚 |
| 103 | | 外贝加尔山脉景观，蒙古/俄罗斯联邦* |
| 137 | | 泰山，中国 |
| 138 | | 武夷山，中国 |
| 141 | | 楠达戴维与花之谷国家公园，印度 |
| 149 | | 小笠原群岛，日本 |
| 157 | | 方芽—科邦国家公园，越南 |
| 162 | | 普林塞萨地下河国家公园，菲律宾 |
| 166 | | 青海可可西里，中国* |
| 178 | | 萨尔亚尔卡—哈萨克斯坦北部的草原和湖区，哈萨克斯坦 |
| 183 | | 知床半岛，日本 |
| 185 | | 四川大熊猫栖息地，中国 |
| 190 | | 中国南方喀斯特，中国 |
| 194 | ▲ | 孙德尔本斯国家公园，印度 |
| 199 | | 塔吉克国家公园（帕米尔山），塔吉克斯坦 |
| 210 | | 童·艾··纳雷松野生生物保护区，泰国 |
| 216 | | 图巴塔哈群礁国家公园，菲律宾 |
| 217 | ▲ | 乌戎格库龙国家公园，印度尼西亚 |
| 219 | | 乌布苏湖盆地，蒙古/俄罗斯联邦 |
| 238 | | 新疆天山，中国 |
| 239 | | 屋久岛，日本 |

**良好但存在担忧**

| | | |
|---|---|---|
| 28 | | 奇特旺皇家国家公园，尼泊尔 |
| 41 | ▲ | 东巴耶延—考艾森林保护区，泰国 |
| 97 | | 科莫多国家公园，印度尼西亚 |
| 108 | | 洛伦茨国家公园，印度尼西亚 |
| 118 | | 马纳斯野生动植物保护区，印度 |
| 173 | | 萨加玛塔国家公园，尼泊尔 |
| 187 | | 辛哈拉贾森林保护区，斯里兰卡 |
| 207 | | 孙德尔本斯国家公园，孟加拉国 |
| 209 | | 云南三江并流保护区，中国 |
| 213 | | 长安景观，越南 |
| 231 | | 西高止山脉，印度 |
| 232 | | 西部天山，哈萨克斯坦/吉尔吉斯斯坦/乌兹别克斯坦* |
| 237 | | 武陵源风景名胜区，中国 |

**高度担忧**

| | |
|---|---|
| **214** | 苏门答腊热带雨林，印度尼西亚 |

**形势危急**

▲ 2014年以来保护前景得以改善　▼ 2014年以来保护前景发生恶化
* 2015年以来列入《世界遗产名录》的新遗产地

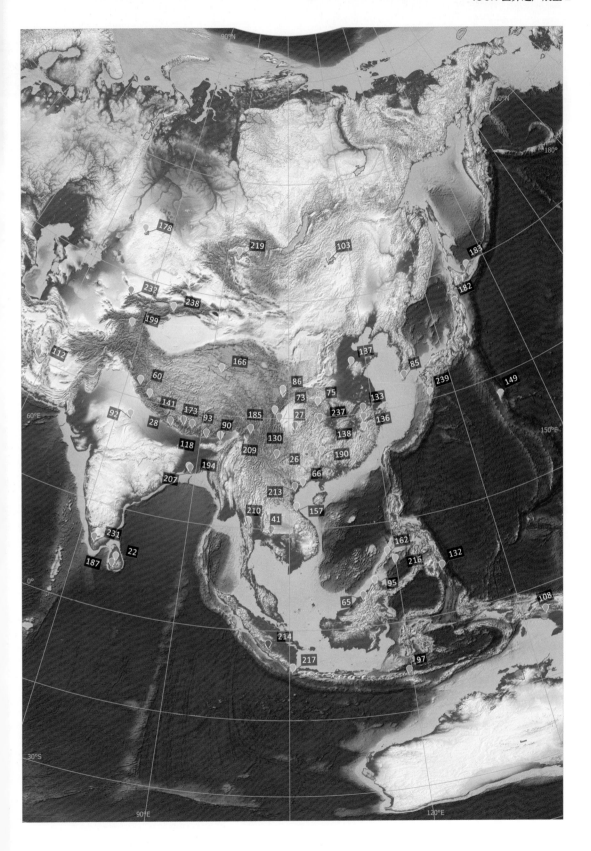

地区展望：
大洋洲

# 事实和数字: 大洋洲

* 16处世界自然遗产和6处复合遗产，分布在5个国家

* 90691671公顷的总面积

* 9处海洋和海岸遗产地

* 1处濒危遗产地

* 2015年以来无新增遗产地

《IUCN世界遗产展望2》的评估结果显示，大洋洲地区所有的世界自然遗产地和复合（自然和文化）遗产地中，81%的保护前景是"良好"或"良好但存在担忧"，14%的是"高度担忧"，5%的前景"形势危急"。

大洋洲地区2017年世界自然遗产保护前景

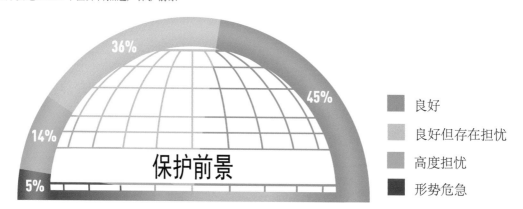

良好
良好但存在担忧
高度担忧
形势危急

2015年以来，大洋洲地区无新增遗产地。

截至2014年列入且曾接受过2014年的《IUCN世界遗产展望》评估的遗产地，其保护前景全部未发生改变。

## 威胁

入侵物种和气候变化是大洋洲世界自然遗产地的两大现有威胁，其次是旅游影响和捕鱼。

在2017年被评估为高度或极高的现有威胁。数字是出现这些威胁的遗产地数量

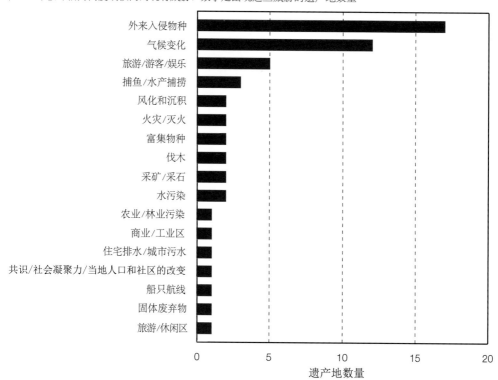

## 保护与管理

大洋洲地区的世界自然遗产地总体上都得到了有效的保护与管理，只有5%遗产地的保护与管理被评估为"高度担忧"，其余遗产地均得到非常或基本有效的保护和适当的管理。

本地区所有遗产地的保护与管理2017年评估结果百分比

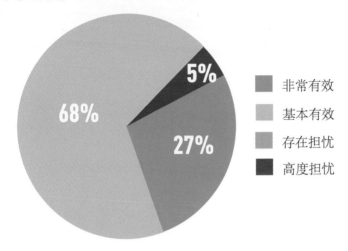

| | |
|---|---|
| ■ | 非常有效 |
| ■ | 基本有效 |
| ■ | 存在担忧 |
| ■ | 高度担忧 |

| 地图标记 | 遗产地 | | |
|---|---|---|---|
| 9 | 澳大利亚哺乳动物化石地（里弗斯利/纳拉库特），澳大利亚 | | |
| 68 | 赫德岛和麦克唐纳群岛，澳大利亚 | | |
| 107 | 洛德豪夫岛，澳大利亚 | | |
| 144 | 新西兰次南极区群岛，新西兰 | | |
| 146 | 宁格罗海岸，澳大利亚 | | |
| 163 | 波奴鲁鲁国家公园，澳大利亚 | | |
| 181 | 西澳大利亚鲨鱼湾，澳大利亚 | | |
| 218 | 乌卢鲁—卡塔曲塔国家公园，澳大利亚 | | |
| 235 | 威兰德拉湖区，澳大利亚 | | |
| 212 | 汤加里罗国家公园，新西兰 | | 良好 |
| 49 | 弗雷泽岛，澳大利亚 | | |
| 55 | 澳大利亚冈瓦纳雨林，澳大利亚 | | |
| 62 | 大蓝山地自然保护区，澳大利亚 | | |
| 113 | 麦夸里岛，澳大利亚 | | |
| 156 | 菲尼克斯群岛保护区，基里巴斯 | | |
| 171 | 洛克群岛—南部潟湖，帕劳 | | |
| 201 | 塔斯马尼亚荒原，澳大利亚 | | |
| 203 | 蒂瓦希普纳穆—新西兰西南部地区，新西兰 | | 良好但存在担忧 |
| 59 | 大堡礁，澳大利亚 | | |
| 89 | 卡卡杜国家公园，澳大利亚 | | |
| 233 | 昆士兰湿热带地区，澳大利亚 | | 高度担忧 |
| 44 | 东伦内尔岛，所罗门群岛 | | 形势危急 |

▲ 2014年以来保护前景得以改善　　▼ 2014年以来保护前景发生恶化
＊2015年以来列入《世界遗产名录》的新遗产地

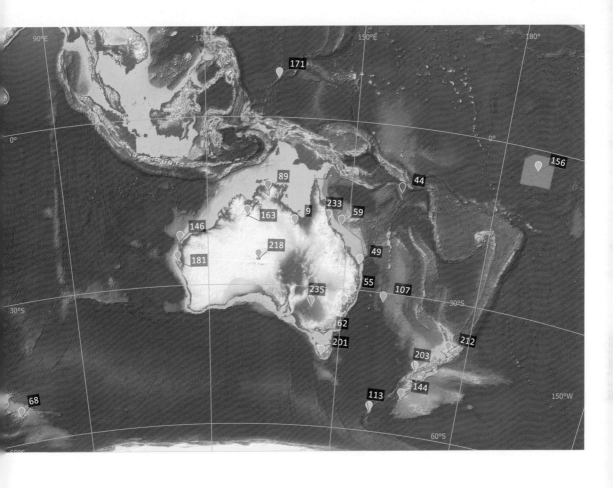

地区展望：
欧洲

# 事实和数字: 欧洲

* 42处世界自然遗产和9处复合遗产，分布在30个国家
* 29425975公顷的总面积
* 10处海洋和海岸遗产地
* 7处跨国遗产地
* 0处濒危遗产地
* 2015年以来无新增遗产地

《IUCN世界遗产展望2》的评估结果显示，在欧洲所有的世界自然遗产地和复合（自然和文化）遗产地中，63%的保护前景是"良好"或"良好但存在担忧"，37%的是"高度担忧"。

欧洲地区2017年世界自然遗产保护前景

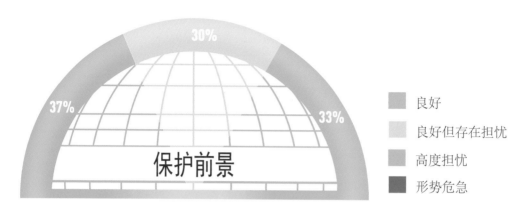

2015年以来，欧洲地区无新增遗产地。有1处新增的跨境遗产地（外贝加尔山脉景观）位于俄罗斯联邦和蒙古，本报告将其归在亚洲地区。

在2014年前列入并接受过2014年的《IUCN世界遗产展望》评估的遗产地中，9处的保护前景从2014年以来已发生了改变，其中2处遗产地的情况有所改善，7处则发生恶化：

| 国家 | 遗产地 | 2014年保护前景 | 2017年保护前景 |
|---|---|---|---|
| 阿尔巴尼亚/奥地利/比利时/保加利亚/克罗地亚/德国/意大利/罗马尼亚/斯洛伐克/斯洛文尼亚/西班牙/乌克兰 | 喀尔巴阡山脉和欧洲其他地区的原始山毛榉林 | 良好但存在担忧 | 高度担忧 |
| 白俄罗斯/波兰 | 比亚沃维耶扎原始森林 | 良好但存在担忧 | 高度担忧 |
| 克罗地亚 | 普利特维采湖群国家公园 | 良好但存在担忧 | 高度担忧 |
| 法国 | 留尼旺岛的山峰、冰斗和峭壁 | 良好但存在担忧 | 高度担忧 |
| 葡萄牙 | 马德拉月桂树公园 | 良好但存在担忧 | 高度担忧 |
| 俄罗斯联邦 | 中锡霍特—阿林山脉 | 高度担忧 | 良好但存在担忧 |
| 俄罗斯联邦 | 阿尔泰的金山 | 高度担忧 | 良好但存在担忧 |
| 俄罗斯联邦 | 贝加尔湖 | 良好但存在担忧 | 高度担忧 |
| 斯洛文尼亚 | 斯科契扬溶洞 | 良好 | 良好但存在担忧 |

## 威胁

旅游和旅游基础设施、水污染、入侵物种和气候变化的影响是对欧洲世界自然遗产地最普遍的重大威胁。

在2017年被评估为高度或极高的现有威胁。数字是存在这些威胁的遗产地数量

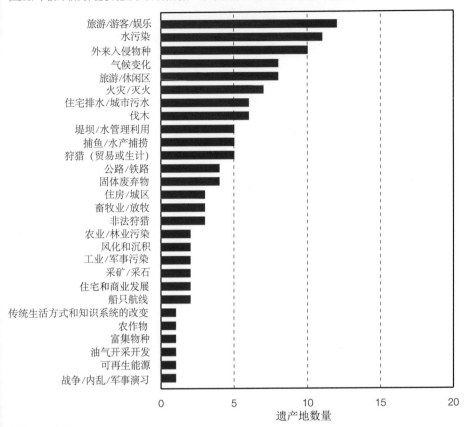

## 保护与管理

欧洲地区的世界自然遗产地中，49%得到"基本有效"或"非常有效"的保护与管理。39%的遗产地的保护与管理"存在担忧"，而12%的遗产地为"高度担忧"。

本地区所有遗产地的保护与管理2017年评估结果百分比

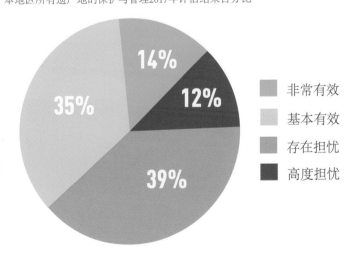

| 地图标记 | | 遗产地 |
|---|---|---|
| 20 | | 阿格泰列克洞穴和斯洛伐克喀斯特地貌，匈牙利/斯洛伐克 |
| 42 | | 多塞特和东德文海岸，英国 |
| 71 | | 高海岸/瓦尔肯群岛，芬兰/瑞典 |
| 104 | | 拉普人居住区，瑞典 |
| 106 | | 勒那河柱状岩自然公园，俄罗斯联邦 |
| 121 | | 麦塞尔化石遗址，德国 |
| 126 | | 圣乔治山，瑞士/意大利 |
| 131 | | 埃特纳火山，意大利 |
| 164 | | 普托拉纳高原，俄罗斯联邦 |
| 192 | | 圣基尔达岛，英国 |
| 193 | | 斯泰温斯—克林特，丹麦 |
| 195 | | 叙尔特塞，冰岛 |
| 197 | | 萨多纳环形地质构造区，瑞士 |
| 204 | | 泰德国家公园，西班牙 |
| 208 | | 瓦登海，德国/荷兰/丹麦 |
| 229 | | 挪威西峡湾—盖朗厄尔峡湾和纳柔依峡湾，挪威 |

良好

| | | |
|---|---|---|
| 23 | ▲ | 中锡霍特—阿林山脉，俄罗斯联邦 |
| 33 | | 多瑙河三角洲，罗马尼亚 |
| 54 | ▲ | 阿尔泰的金山，俄罗斯联邦 |
| 56 | | 格雷梅国家公园和卡帕多奇岩石区，土耳其 |
| 64 | | 波尔托湾：皮亚纳—卡兰切斯、基罗拉塔湾、斯康多拉保护区，法国 |
| 70 | | 希拉波利斯和帕姆卡莱，土耳其 |
| 80 | | 伊路利萨特冰湾，丹麦 |
| 84 | | 伊索莱约里（伊奥利亚群岛），意大利 |
| 98 | | 新喀里多尼亚潟湖：珊瑚礁多样性和相关的生态系统，法国 |
| 122 | | 迈泰奥拉（天空之城），希腊 |
| 129 | | 阿索斯山，希腊 |
| 165 | | 比利牛斯—珀杜山，法国/西班牙 |
| 188 | ▼ | 斯科契扬溶洞，斯洛文尼亚 |
| 191 | | 斯雷伯尔纳自然保护区，保加利亚 |
| 196 | ▼ | 少女峰—阿莱奇冰川—比奇峰，瑞士 |
| 206 | | 多洛米蒂山脉，意大利 |

良好但存在担忧

| | | |
|---|---|---|
| 4 | ▼ | 喀尔巴阡山脉和欧洲其他地区的原始山毛榉林，阿尔巴尼亚/奥地利/比利时/保加利亚/克罗地亚/德国/意大利/罗马尼亚/斯洛伐克/斯洛文尼亚/西班牙/乌克兰 |
| 12 | ▼ | 比亚沃维耶扎原始森林，白俄罗斯/波兰 |
| 40 | | 多南那国家公园，西班牙 |
| 43 | | 杜米托尔国家公园，黑山共和国 |
| 51 | | 加拉霍奈国家公园，西班牙 |
| 53 | | 巨人之路和海岸堤道，英国 |
| 57 | | 戈夫岛和伊纳克塞瑟布尔岛，英国 |
| 69 | | 亨德森岛，英国 |
| 76 | | 伊维萨岛的生物多样性和文化，西班牙 |
| 99 | | 贝加尔湖，俄罗斯联邦 |
| 105 | ▼ | 马德拉月桂树公园，葡萄牙 |
| 142 | | 奥赫里德地区文化历史遗迹及其自然景观，马其顿 |
| 143 | | 弗兰格尔岛自然保护区，俄罗斯联邦 |
| 158 | | 皮林国家公园，保加利亚 |
| 160 | ▼ | 留尼旺岛的山峰、冰斗和峭壁，法国 |
| 161 | ▼ | 普利特维采湖群国家公园，克罗地亚 |
| 221 | | 科米原始森林，俄罗斯联邦 |
| 223 | | 堪察加火山群，俄罗斯联邦 |
| 230 | | 西高加索山，俄罗斯联邦 |

高度担忧

| | |
|---|---|
| | 无 |

形势危急

▲2014年以来保护前景得以改善　▼2014年以来保护前景发生恶化
*2015年以来列入《世界遗产名录》的新遗产地

地区展望：
北美洲

# 事实和数字: 北美洲

* 20处世界自然遗产和1处复合遗产，分布在2个国家

* 57265847公顷的总面积

* 3处海洋和海岸遗产地

* 2处跨国遗产地

* 1处濒危遗产地

* 1处遗产地于2015年以后列入名录

《IUCN世界遗产展望2》的评估结果显示，在北美洲地区所有的世界自然遗产地和复合（自然和文化）遗产地中，90%的保护前景为"良好"或"良好但存在担忧"，5%为"高度担忧"，5%的前景是"形势危急"。

北美洲地区2017年世界自然遗产保护前景

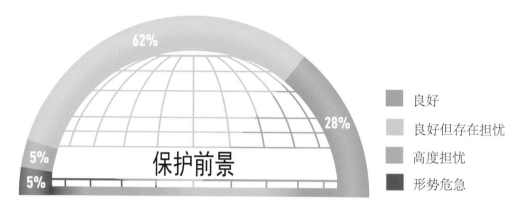

| | 良好 |
| --- | --- |
| | 良好但存在担忧 |
| | 高度担忧 |
| | 形势危急 |

2015年以来，北美洲地区新增1处遗产地：

| 国家 | 遗产地 | 2017年保护前景 | 列入年份 |
| --- | --- | --- | --- |
| 加拿大 | 米斯塔肯角 | 良好 | 2016 |

在2014年前列入，并曾接受过2014年的《IUCN世界遗产展望》评估的遗产地中，1处的保护前景从2014年以来发生了改变：

| 国家 | 遗产地 | 2014年保护前景 | 2017年保护前景 |
| --- | --- | --- | --- |
| 加拿大 | 伍德布法罗国家公园 | 良好但存在担忧 | 高度担忧 |

## 威胁

入侵物种和气候变化是目前北美洲世界自然遗产地最普遍的两大威胁，其次是水污染、火灾、堤坝和用水管理。

在2017年被评估为高度或极高的现有威胁。数字是存在这些威胁的遗产地数量

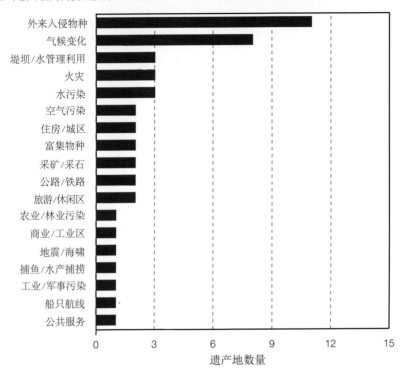

## 保护与管理

北美洲地区的世界自然遗产地中，76%得到"基本有效"或"非常有效"的保护与管理。24%的遗产地的保护与管理被评估为"存在担忧"。

本地区所有遗产地的保护与管理2017年评估结果百分比

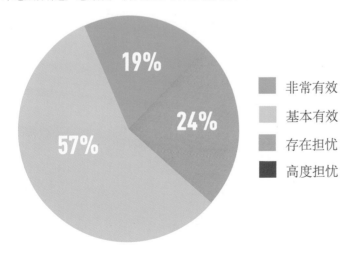

| 地图标记 | | 遗产地 |
|---|---|---|
| 36 | | 艾伯塔省恐龙公园，加拿大 |
| 67 | | 夏威夷火山国家公园，美国 |
| 87 | | 乔金斯化石山崖，加拿大 |
| 123 | | 米加沙国家公园，加拿大 |
| 124 | | 米斯塔肯角，加拿大* |
| 154 | | 帕帕哈瑙莫夸基亚国家海洋保护区，美国 |

良好

| | | |
|---|---|---|
| 16 | | 加拿大落基山公园，加拿大 |
| 19 | | 卡尔斯巴德洞穴国家公园，美国 |
| 58 | | 大峡谷国家公园，美国 |
| 61 | | 大烟雾山国家公园，美国 |
| 63 | | 格罗斯莫讷国家公园，加拿大 |
| 96 | | 克卢恩/兰格尔—圣伊莱亚斯/冰川湾/塔琴希尼—阿尔塞克，加拿大/美国 |
| 116 | | 猛玛洞穴国家公园，美国 |
| 139 | | 纳汉尼国家公园，加拿大 |
| 152 | | 奥林匹克国家公园，美国 |
| 168 | | 红木国家及州立公园，美国 |
| 228 | | 沃特顿冰川国际和平公园，加拿大/美国 |
| 240 | | 黄石国家公园，美国 |
| 241 | | 优胜美地国家公园，美国 |

良好但存在担忧

| | | |
|---|---|---|
| 236 | ▼ | 伍德布法罗国家公园，加拿大 |

高度担忧

| | | |
|---|---|---|
| 48 | | 大沼泽地国家公园，美国 |

形势危急

▲ 2014年以来保护前景得以改善　　▼ 2014年以来保护前景发生恶化
＊2015年以来列入《世界遗产名录》的新遗产地

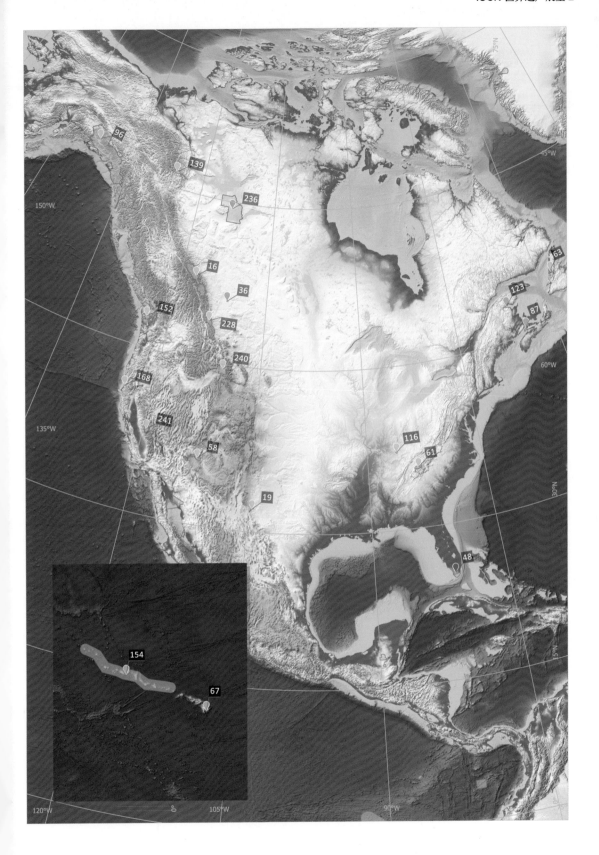

地区展望：
中美洲和加勒比

# 事实和数字: 中美洲和加勒比

* 17处世界自然遗产和3处复合遗产, 分布在10个国家
* 7532655公顷的总面积
* 8处海洋和海岸遗产地
* 1处跨国遗产地
* 2处濒危遗产地
* 2处遗产地于2015年以后列入名录

《IUCN世界遗产展望2》的评估结果显示，在中美洲和加勒比地区所有的世界自然遗产地和复合（自然和文化）遗产地中，45%的保护前景是"良好但存在担忧"，45%为"高度担忧"，10%的前景"形势危急"。

中美洲和加勒比地区2017年世界自然遗产保护前景

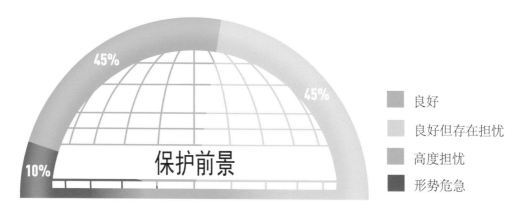

良好

良好但存在担忧

高度担忧

形势危急

2015年以来，中美洲和加勒比地区新增2处遗产地：

| 国家 | 遗产地 | 2017年保护前景 | 列入年份 |
|------|--------|----------------|----------|
| 牙买加 | 蓝山和约翰·克罗山 | 良好但存在担忧 | 2015 |
| 墨西哥 | 雷维亚希赫多群岛 | 良好但存在担忧 | 2016 |

在2014年前列入，并曾接受过2014年的《IUCN世界遗产展望》评估的遗产地中，有1处的保护前景从2014年以来发生了改变：

| 国家 | 遗产地 | 2014年保护前景 | 2017年保护前景 |
|------|--------|----------------|----------------|
| 墨西哥 | 加利福尼亚湾群岛及保护区 | 良好但存在担忧 | 高度担忧 |

## 威胁

气候变化、捕鱼和入侵物种是中美洲和加勒比地区的世界自然遗产地最普遍的三大现有威胁，其次是放牧和非法狩猎。

在2017年被评估为高度或极高的现有威胁。数字是存在这些威胁的遗产地数量

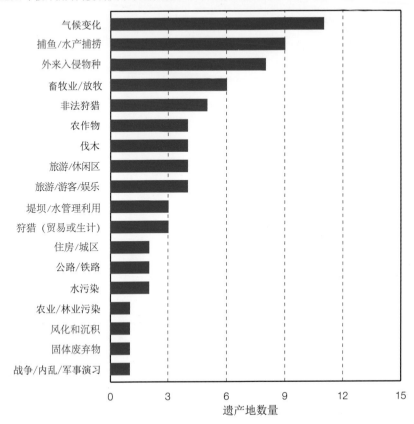

## 保护与管理

中美洲和加勒比地区的世界自然遗产地中，只有25%得到有效的保护与管理。65%的遗产地的保护与管理被评估为"存在担忧"，10%的遗产地为"高度担忧"。

本地区所有遗产地的保护与管理2017年评估结果百分比

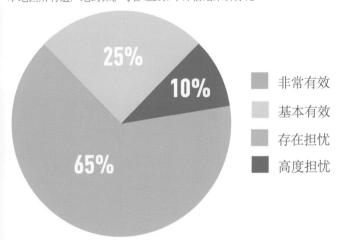

| 地图标记 | 遗产地 |
|---|---|
| | 无 |

良好

| | |
|---|---|
| 3 | 阿里杰罗德胡波尔德国家公园，古巴 |
| 6 | 雷维亚希赫多群岛，墨西哥* |
| 13 | 蓝山和约翰·克罗山，牙买加* |
| 35 | 格朗玛的德桑巴尔科国家公园，古巴 |
| 46 | 厄尔比那喀提和德阿尔塔大沙漠生物圈保护区，墨西哥 |
| 127 | 毛恩特鲁瓦皮顿山国家公园，多米尼加 |
| 184 | 圣卡安，墨西哥 |
| 211 | 蒂卡尔国家公园，危地马拉 |
| 234 | 埃尔比斯卡伊诺鲸鱼保护区，墨西哥 |

良好但存在担忧

| | | |
|---|---|---|
| 5 | | 玛雅古城和卡拉克穆尔热带保护森林，墨西哥 |
| 7 | | 瓜纳卡斯特自然保护区，哥斯达黎加 |
| 11 | | 伯利兹堡礁保护区，伯利兹 |
| 30 | | 科科斯岛国家公园，哥斯达黎加 |
| 31 | | 柯义巴岛国家公园及其海洋特别保护区，巴拿马 |
| 34 | | 达连国家公园，巴拿马 |
| 83 | ▼ | 加利福尼亚湾群岛及保护区，墨西哥 |
| 159 | | 皮通山保护区，圣卢西亚岛 |
| 200 | | 塔拉曼卡山脉阿米斯塔德保护区/阿米斯塔德国家公园，哥斯达黎加/巴拿马 |

高度担忧

| | |
|---|---|
| 125 | 黑脉金斑蝶生态保护区，墨西哥 |
| 170 | 雷奥普拉塔诺生物圈保留地，洪都拉斯 |

形势危急

▲ 2014年以来保护前景得以改善　▼ 2014年以来保护前景发生恶化
* 2015年以来列入《世界遗产名录》的新遗产地

地区展望：
南美洲

# 事实和数字: 南美洲

* 21处世界自然遗产和2处复合遗产，分布在21个国家

* 32675087公顷的总面积

* 4处海洋和海岸遗产地

* 0处濒危遗产地

* 1处遗产地于2015年以后列入名录

《IUCN世界遗产展望2》的评估结果显示，在南美洲地区所有的世界自然遗产地和复合（自然和文化）遗产地中，48%的保护前景是"良好"或"良好但存在担忧"，52%则为"高度担忧"。

南美洲地区2017年世界自然遗产保护前景

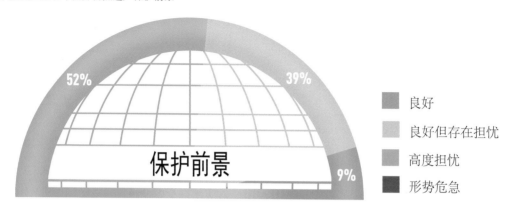

良好

良好但存在担忧

高度担忧

形势危急

2015年以来，南美洲地区新增1处遗产地：

| 国家 | 遗产地 | 2017年保护前景 | 列入年份 |
|------|--------|----------------|----------|
| 阿根廷 | 卢斯阿莱尔塞斯国家公园 | 良好 | 2017 |

在2014年前列入，并曾接受过2014年的《IUCN世界遗产展望》评估的遗产地中，有4处的保护前景从2014年以来已经发生了改变，其中3处遗产地的情况有所改善，1处则发生恶化：

| 国家 | 遗产地 | 2014年保护前景 | 2017年保护前景 |
|------|--------|----------------|----------------|
| 阿根廷 | 瓦尔德斯半岛 | 良好但存在担忧 | 高度担忧 |
| 厄瓜多尔 | 桑盖国家公园 | 高度担忧 | 良好但存在担忧 |
| 秘鲁 | 里奥阿比塞奥国家公园 | 高度担忧 | 良好但存在担忧 |
| 巴西 | 塞拉多保护区：查帕达—多斯—维阿迪罗斯和艾玛斯国家公园 | 高度担忧 | 良好但存在担忧 |

## 威胁

气候变化、放牧和旅游影响是南美洲地区最普遍最重大的现有威胁。

在2017年被评估为高度或极高的现有威胁。数字是存在这些威胁的遗产地数量

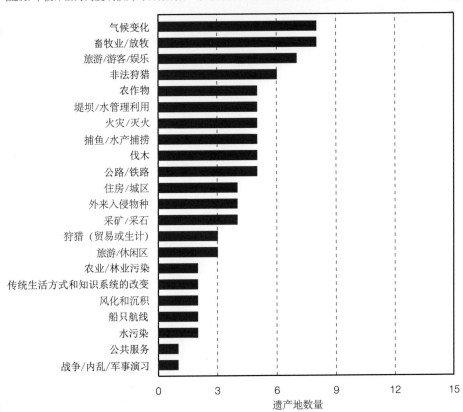

## 保护与管理

南美洲地区的世界自然遗产地中，只有26%得到有效的保护与管理。61%的遗产地的保护与管理被评估为"存在担忧"，13%的遗产地则为"高度担忧"。

本地区所有遗产地的保护与管理2017年评估结果百分比

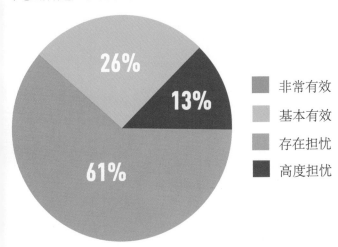

| 地图标记 | | 遗产地 |
|---|---|---|
| **81** | | 伊沙瓜拉斯托—塔拉姆佩雅自然公园，阿根廷 |
| **109** | | 卢斯阿莱尔塞斯国家公园，阿根廷 |

良好

| | | |
|---|---|---|
| **14** | | 巴西大西洋群岛：费尔南多—迪诺罗尼亚群岛和罗卡斯岛保护区，巴西 |
| **21** | | 亚马孙河中心综合保护区，巴西 |
| **24** | | 苏里南中心自然保护区，苏里南 |
| **25** | ▲ | 塞拉多保护区：查帕达—多斯—维阿迪罗斯和艾玛斯国家公园，巴西 |
| **110** | | 卢斯阿莱尔塞斯国家公园，阿根廷 |
| **115** | | 马尔佩洛岛动植物保护区，哥伦比亚 |
| **148** | | 诺尔·肯普夫·梅卡多国家公园，玻利维亚 |
| **169** | ▲ | 里奥阿比塞奥国家公园，秘鲁 |
| **176** | ▲ | 桑盖国家公园，厄瓜多尔 |

良好但存在担忧

| | | |
|---|---|---|
| **8** | | 大西洋东南热带雨林保护区，巴西 |
| **17** | | 卡奈依马国家公园，委内瑞拉 |
| **37** | | 大西洋沿岸热带雨林保护区，巴西 |
| **50** | | 加拉帕戈斯群岛，厄瓜多尔 |
| **72** | | 马丘比丘历史保护区，秘鲁 |
| **74** | | 瓦斯卡兰国家公园，秘鲁 |
| **78** | | 伊瓜苏国家公园，巴西 |
| **79** | | 伊瓜苏国家公园，阿根廷 |
| **111** | | 洛斯卡蒂奥斯国家公园，哥伦比亚 |
| **120** | | 玛努国家公园，秘鲁 |
| **153** | | 潘塔奈尔保护区，巴西 |
| **155** | ▼ | 瓦尔德斯半岛，阿根廷 |

高度担忧

无

形势危急

▲ 2014年以来保护前景得以改善　▼ 2014年以来保护前景发生恶化
* 2015年以来列入《世界遗产名录》的新遗产地

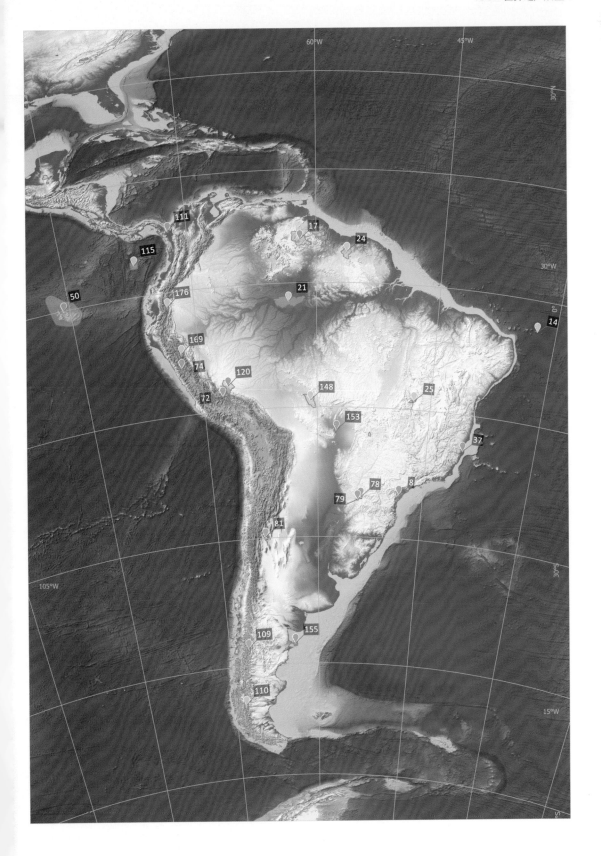

# 地区对比

如前几章所示，2017年再次出现了明显的地区差异。就总体保护前景而言，北美地区仍然是遗产地"绿色"比例最高的地区，保护前景良好的占90%，其次为大洋洲（81%）和亚洲（74%），再次是欧洲和阿拉伯国家，分别为63%和62%。非洲（48%）、南美洲（48%）以及中美洲和加勒比地区（45%）是被评为"良好"或"良好但存在担忧"的遗产地占比最低的三个地区。

在前景评估的三个方面——价值、威胁、保护与管理上，不同地区也存在显著差异。大洋洲是有效管理的遗产地比例最高的地区（95%），其次是北美洲（76%）。欧洲（49%）和亚洲（48%）与全球平均水平相当（48%的遗产地得到"非常有效"或"基本有效"的保护与管理），其他地区则低于全球平均水平——非洲（35%）、南美洲（26%）和中美洲（25%）。阿拉伯国家没有任何遗产地被评估为得到有效的保护与管理。

至于当前最为普遍的三大威胁——入侵物种、气候变化和旅游业，以气候变化为最高或者极高威胁的遗产地，在大洋洲、中美洲和加勒比地区的数量最多；以入侵物种为最高或者极高威胁的遗产地，在大洋洲和北美洲的数量最多；以旅游影响为最高或者极高威胁的遗产地，在欧洲和亚洲的数量最多。

# 结论

《IUCN世界遗产展望2》是我们是否有望实现2014年《悉尼承诺》所制定的十年计划的第一个指示灯，即确保所有世界自然遗产地的保护前景更加光明。结果显示，虽然许多遗产地取得的成功是可喜可贺的，但前景并没有得到全面的改善。

全球评估结果与2014年基本持平，保护前景为"良好"或"良好但存在担忧"的自然遗产地占64%，"高度担忧"的占29%，"形势危急"的占7%。虽然总体情况保持平稳，但在个别遗产地和地区层面上，与威胁、保护与管理相关的状况已发生改变。2014年至2017年之间，26个遗产地的保护前景发生变化，其中14个得以改善，12个发生恶化。自上次报告以来新列入的13个世界自然遗产地中，有10个遗产地的评估结果为绿色的（"良好"或"良好但存在担忧"），3个遗产地的保护前景被评估为"高度担忧"。

就地区差异而言，北美洲的绿色比例最高，达到了90%，其次是大洋洲（81%）和亚洲（74%）。欧洲和阿拉伯国家分别为63%和62%。非洲（48%）、南美（48%）以及中美洲和加勒比地区（45%）是前景乐观的遗产地比重最少的三个地区。非洲仍然是保护前景危急的遗产地占比最高的地区，这与它在《世界濒危遗产名录》中的自然遗产数量最多的情况一致。

总体而言，70%自然遗产地的世界遗产价值被认为是处于"良好"或"低度担忧"的状态，而27%的遗产地价值状况值得"高度担忧"，3%为"形势危急"。但《IUCN世界遗产展望2》也显示，这些价值的现有和潜在威胁总体上都在增加。

入侵物种、气候变化和旅游影响是目前自然遗产的三大最主要威胁。气候变化是世界自然遗产面临的增长最快的威胁，视气候变化为高度或极高威胁的遗产地增长了77%（2014年为35个，而2017年为62个）。

与2014年一样，气候变化仍然是最大的潜在威胁，2017年被评估为55个遗产地的高度威胁或高度潜在威胁。重大基础设施建设（道路、水坝和旅游设施）、采矿、石油和天然气开发也是主要的潜在威胁。自2014年以来，道路建设是增长最显著的潜在威胁，可能受其影响的遗产地数量接近翻倍（2014年有12个遗产地视其为高度或极高潜在威胁，而2017年增至22个）。自2014年以来，可能受到水电基础设施建设严重影响的遗产地数量从13个增加到17个，受旅游设施建设影响的遗产地则从11个增加到15个。

不仅来自威胁的压力越来越大，2014年以来，世界自然遗产地保护与管理的整体效能也在下降。对比参加了两次评估的228个遗产地，其中保护与管理被评估为"总体有效"或"非常有效"的遗产地所占比例，已从2014年的54%，下降到2017年的48%。日益增加的威胁加上欠佳的保护管理，成为世界遗产价值的明显风险。这是一个强烈的信号，提醒我们应更好地利用能够提高管理有效性的工具和标准，例如IUCN正在推广的"自然保护地绿色名录"。

《IUCN世界遗产展望2》表明，我们必须重新关注自然遗产地的保护与管理，以确保地球上最具标志性的自然区域拥有光明的前景。自2014年《IUCN世界遗产展望》启动以来，IUCN通过与其会员建立因地制宜的合作关系，努力收集结果和信息作为基础，改善受威胁最严重的世界自然遗产地的保护状况。IUCN的目标是与《IUCN世界遗产展望》合作伙伴共同制定倡议和计划，帮助解决这些地区所面临的主要挑战，指导管理工作，并提高保护的效果。

自2016年以来，7个非政府组织已成为《IUCN世界遗产展望》合作伙伴，包括非洲野生动物基金会（AWF）、国际鸟盟、野生动植物保护国际（FFI）、法兰克福动物学会（FZS）、国际野生生物保护学会（WCS）、世界自然基金会（WWF）和伦敦动物学会（ZSL）。这些国际非政府组织在约100个世界自然遗产地共同开展工作。《IUCN世界遗产展望2》的成果将有助于进一步调动各机构和专家，围绕一个共同的目标努力，即确保所有世界自然遗产地得到最高水平的保护，使其拥有更加光明的前景。

# 参考文献

1. Garstecki, T. et al. (2011) Tabe'a. Nature and World Heritage in the Arab States: towards future IUCN priorities. IUCN, Gland, Switzerland.

2. Great Barrier Reef Marine Park Authority (2009) Great Barrier Reef outlook report.

3. Hockings, M. et al. (2006) Evaluating Effectiveness. A framework for assessing management of Protected Areas. 2nd Edition. Best Practice Protected Area Guidelines Series; no. 014.

4. Hockings, M. et al. (2008) Enhancing Our Heritage Toolkit. Assessing management effectiveness of natural World Heritage sites. UNESCO, Paris, France.

5. IUCN (2012) IUCN Conservation Outlook Assessments – Guidelines for their application to natural World Heritage sites. IUCN, Gland, France.

6. Stolton S., Dudley, N., Shadie, P. (2012) Managing Natural World Heritage. World Heritage Resource Manual. UNESCO, Paris, France.

7. UNESCO World Heritage Centre (2016) Operational Guidelines for the Implementation of the World Heritage Convention. UNESCO World Heritage Centre, Paris, France.

8. www.worldheritageoutlook.iucn.org

# 世界自然遗产分布图

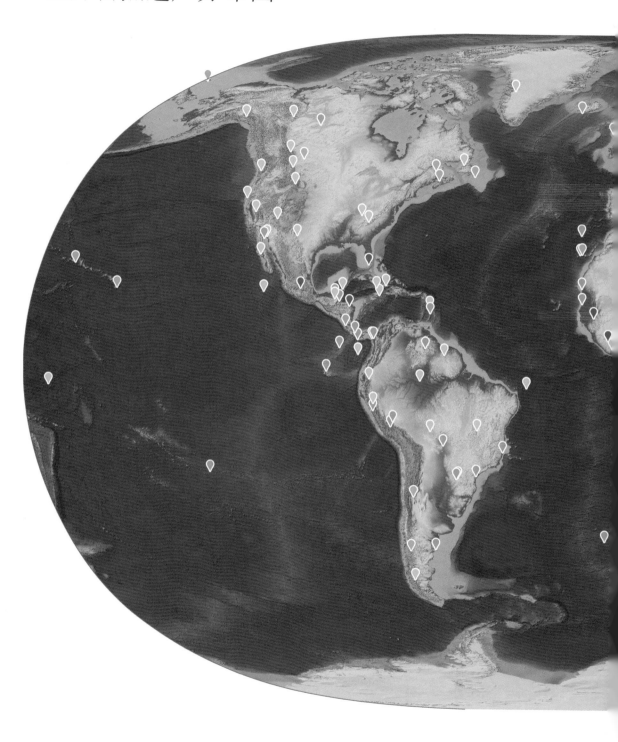

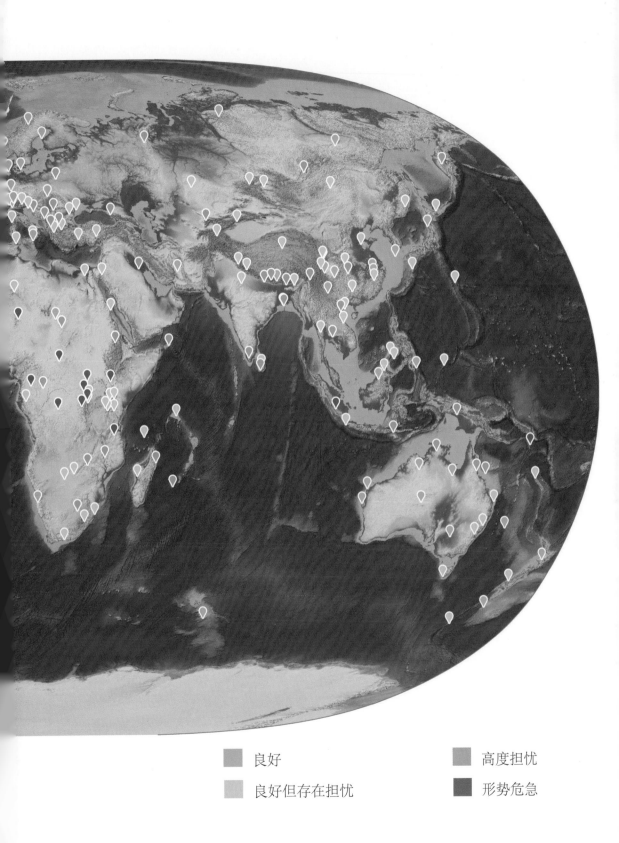

良好

良好但存在担忧

高度担忧

形势危急

# 图片来源